美丽中国·园林美化绿化丛书

U0651154

花坛植物 识别与应用

刘冬云　纪殿荣　李彦慧　主编

IDENTIFICATION AND
APPLICATION
OF BEDDING PLANTS

中国农业出版社
北　京

图书在版编目（CIP）数据

花坛植物识别与应用/刘冬云，纪殿荣，李彦慧主
编．—北京：中国农业出版社，2024.3
（美丽中国·园林美化绿化丛书）
ISBN 978-7-109-31607-2

Ⅰ.①花…　Ⅱ.①刘…②纪…③李…　Ⅲ.①花坛-
园林植物-识别　Ⅳ.①S688

中国国家版本馆CIP数据核字（2024）第009284号

中国农业出版社出版
地址：北京市朝阳区麦子店街18号楼
邮编：100125
责任编辑：黎思玮
责任校对：吴丽婷
印刷：北京缤索印刷有限公司
版次：2024年3月第1版
印次：2024年3月北京第1次印刷
发行：新华书店北京发行所
开本：700mm×1000mm　1/16
印张：20.75
字数：440千字
定价：78.00元

编委会

前　言

　　近年来，随着人们对环境的要求越来越高，园林植物的造景功能在环境美化中的作用日益突出，尤其是花卉植物，具有种类多样，色彩丰富，花开繁茂，装饰性强，生长快，应用灵活方便，不受地域限制等特点，在园林中能起到画龙点睛的作用。花卉植物主要的应用形式有花坛、花境、花丛、花群等，其中花坛是绿地花卉布置中最精细的表现形式。花坛不仅具有美化装饰环境、渲染气氛的功能，还有分割空间、组织交通、标志和宣传的作用，尤其是近些年立体花坛的开发和应用，体现了现代园林植物的造景功能。花坛已成为一个城市现代和文明的标志，无论在城市的公园里、街道上，还是在工厂、机关、学校等的前庭后院中，都成为景观璀璨的明珠。

　　大量的城市绿地迫切需要绿化、彩化、美化，花坛植物的选择与应用越来越受到人们的重视。如何选择花坛植物，怎样利用丰富多彩的花坛植物资源创造出个性化的园林景观，已成为园林工作者关注的焦点。近年来国内出版了一些花坛植物造景绿化方面的书籍，但真正能够为读者提供直观花坛效果并解读花坛造景特色的图书却很少。

　　本书以花卉应用的主要形式——花坛为基础，介绍了花坛植物识别与应用的基本知识、概念、选择依据，并结合作者40余年在我国主要大、中城市实地拍摄的实景照片，基本代表了我国花坛植物造景艺术和技术的最高水平，具有十分重要的参考价值。本书还介绍了所收录花坛植物的中文名称、拉丁文学名、别名、科属、形态特征、生态习性、繁殖方法、花卉文化、欣赏应用等。对于花坛植物的形态不局限于花朵，尽量包括株形、枝条、花序及造景应用等。全书图文并茂、语言精练、图片精美，具有较强的实用性和欣赏性。

　　本书适合园林、花卉从业人员和相关专业大、中专学生及花卉爱好者阅读参考。

　　本书的出版，得到了河北农业大学领导和专家、教授的大力支持、指导和帮助，在此深表感谢。

　　限于我们的专业水平，书中有不当之处，恳请读者不吝指正。

编　者

2023 年 10 月

目 录

一 概述

- 花坛的概念和特点
- 花坛的作用
- 花坛发展趋势

这是 2010 年天安门广场的花坛，花坛设计的主题为"五湖四海喜庆奥运盛会，改革开放共谱和谐篇章"，沿用了由中心花坛、东西两侧"画卷"混合花坛、纪念碑前模纹花坛组成的形式。

中心花坛的主题为"舞动的北京"，奥运期间以"中国印·舞动的北京"奥运会会徽为主景，以祥云图案为衬托，在主景周围形成圆形花坛，并在花坛外围布置低喷泉和弥雾装置，烘托国庆节欢乐祥和的气氛。经过能工巧匠的精心装扮，天安门广场花团锦簇，盛装迎客。寓意鲜明的大花坛和精美的人造景观花坛让宽阔的天安门广场显得更加生动。

▲ 北京天安门广场中央，小菊和一品红组成的花坛，祥云朵朵，巨型的花篮中鲜花盛开，表达了人民对祖国无限的祝福。

▼ 天安门广场上，由小菊、非洲凤仙和四季秋海棠组成的立体花球、花柱，色彩缤纷，富有民族特色，烘托出欢乐的节日气氛。

▲ 小菊、雁来红、美人蕉组成的带状花坛，色彩艳丽，层次分明，将节日的天安门城楼衬托得愈发高大宏伟。

▲ 节日的天安门广场上，小菊、非洲凤仙等组成了一朵盛开的立体牡丹花坛，花开富贵，象征着我们祖国繁荣昌盛的景象。

花坛作为花卉应用的主要形式之一，在园林中能够很好地起到画龙点睛、烘托气氛的作用。尤其是在节日，其灵活的应用方式、绚丽夺目的色彩、鲜明的表现主题、丰富的文化内涵，以及生动活泼的艺术效果，成为城市中最亮丽的一道风景线。其灵活多样的景观装饰效果及表达的各种意蕴是其他植物造景形式所无法比拟的。这些花坛的应用，以及发展变化，无不显示出设计者的巧思妙想和园林工人的巧夺天工，更预示着我们祖国日新月异的发展。

▲ 五色草立体花坛，造型别致，图案精美。

▲ 构图简洁，形式活泼的立体数字花坛，点明 2000 年广州花卉节主题。

▲ 用五色草组成的宣传标语拱廊气势宏伟。

◀ 五色草立体花坛"龙凤呈祥"，构思巧妙，图案精美，凝聚了中国五千年的历史与文化，描绘出时代追求与时尚气息。

近几年来，随着创新意识的不断加强，花坛新技术、新材料、新工艺的不断应用，花坛艺术水平得到很大的提高。随着城市现代化建设的飞速发展，城市花坛的建设已成为人们美化城市、装点生活、提高环境质量不可缺少的重要组成部分。

▲ 以五色草立体花坛表现出的"斗拱"造型，整合了中国传统建筑文化要素，表达中国文化的精神与气质。

◀ 五彩缤纷的花海中，以彩叶草和四季秋海棠组成的奥运主题花坛"同一个世界，同一个梦想"，表达了人们追求美好的共同梦想。

（一）花坛的概念和特点

1. 花坛及花坛植物的概念

花坛在汉语词典中的解释是在一定范围的畦地上按照整形式或半整形式的图案栽植观赏植物，以表现花卉群体美的园林设施。目前花坛的概念包括狭义和广义两个方面。

狭义的花坛是指在几何形轮廓的植床内种植相同或不同种类

▲ 规则植床内，不同颜色的金鱼草高度整齐，图案简洁，表现了花坛花卉群体盛开的绚丽景观。

▲ 整齐排列的地被植物应用中，金黄色的金叶过路黄色彩鲜明，亮丽夺目。

▲ 对称的空间，修剪整齐的小叶女贞绿篱，规则的几何图案，表达了西方园林的传统花坛形式。

的花卉，以展现花卉群体的图案纹样，或繁花盛花时绚丽景观的一种花卉应用形式。

随着社会的进步，文化生活水平的提高，以及花卉应用形式的不断发展，花坛的概念及范畴也发生了一定的变化。广义的花坛是指在一定空间范围内栽植观赏植物，以表现群体美的花卉应用形式。广义的概念突破了花坛几何轮廓的限制，花坛的边缘可以是不规则的曲线，花坛也不仅限于平面的栽植床内，只要是能够表现花卉群体景观效果的规则的应用形式均可称作花坛。

花坛植物是指能够用于花坛装饰的观赏植物，主体花材要求花期整齐，高度一致，能够表现出花坛群体装饰效果的花卉植物，以一、二年生或多年生草本花卉为主。

▲ 红、黄、粉三色小菊组成的带状花坛，犹如一条彩色的绸带，飘扬在绿色的草地上。

▲ 在起伏的草坪上，由非洲凤仙、百合等花材组成不规则的花带，宛如高处流下的清泉，生动而富有情趣。

▲ 白色木茼蒿和蓝色三色堇组成的花坛，清新亮丽。

▲ 木茼蒿装饰成的水车花溪，色彩素雅，构图极富动感。

▼ 用百日草、万寿菊、藿香蓟、三色堇、矮牵牛、四季秋海棠等多种时令花卉装饰的公园花坛主景。

❀ 2. 花坛的特点

花坛作为园林中重要的花卉应用形式，在园林应用时具有以下几个特点：

- **规则式应用**

花坛通常具有几何形栽植床，属于规则式设计，多用于规则式园林构图中，如广场、道路的中央、两侧或周围等。

▲ 规则的广场、规则的图案，旋转的彩色模纹花坛，展现出花坛植物的群体美和色彩美。

◀ 菊花组成的花坛，应用于规则的环境中，表现出强烈的群体效果。

- **群体美和色彩美**

花坛内部植物的配置也多是规则整齐的，主要表现观赏植物的群体美及色彩美，不表现个体。

▶ 由百日草、鸡冠花、万寿菊和蓝花鼠尾草组成的花带，色彩明快，线条自然，像流动的溪水，极富动感。

▲ 模纹花坛中，绽放的小菊、一串红，在绿色佛甲草的衬托下，如阳光般光彩夺目。

● **时令性花材**

花坛多以时令性花材为主，需随季节的变换而更换。

花坛在具有一定形体的轮廓内，种植相同或不同的花卉种类（品种），其颜色、质地、形态可以相同，也可以不同，可根据具体设计需要灵活运用。

▶ 倾倒的坛罐，羽衣甘蓝、非洲凤仙组成的花带，如流水般蜿蜒流淌。

▲ 规则花坛中，蜿蜒的花带，彩色的小菊花球，灵活地展现了花坛的多样性。

（二）花坛的作用

　　花坛花卉美丽的花朵、艳丽的色彩，都能带给人们视觉上的享受，使人心旷神怡，通过花坛的布置能够表现出不同的作用及景观效果。花坛的主要作用有以下几个方面：

▼ 由四季秋海棠、小菊等花卉装饰的风车，在鲜花、绿树的映衬下，景观生动形象，寓意我国建设环保型社会的愿望和决心。

1. 美化装饰，增强气氛

花坛具有极强的装饰性和观赏性，能够很好地烘托气氛，尤其是节日时使用花坛作装饰，可以营造出喜庆祥和的节日气氛，达到很好的渲染效果。

▲ 由一串红、万寿菊、矮牵牛和地肤组成的五彩缤纷的花坛景观。

▲ 五彩的石竹与黄、蓝两色对比的三色堇组成的花丛花坛，在金叶榕的映衬下，艳丽夺目。

▲ 大型的五色草花坛精美别致，体现了"幸福像花儿一样"的美好主题。

2. 标志和宣传

花坛具有灵活多样的表现形式，其中通过花坛植物组成的文字及图案能够起到很好的标志和宣传作用，尤其是立体花坛的运用，能够形象地表达主题，宣传活动内容。每年国庆节期间的北京天安门广场和长安街都通过花坛来宣传、反映国家的大政方针。

▲ 五色草、小菊等组成的立体花坛，描绘了"九天揽月"的壮举，展现了我国航天事业的飞速发展。

◀ 用黄色小菊
组成的奥运花坛
"同一个梦想",
表现出全世界人
民追求和平,追
求平等,追求自
由的美好愿望。

▼ 由小菊、四季秋海棠、非洲
凤仙等组成的立体花坛,体现
了我国科技的蓬勃发展。

3. 分隔空间

花坛的设置可以根据需要灵活地分隔空间，如在广场上设置花坛，可以划分或组合空间；在道路中央设置带状花坛，可以分隔行车道，起到隔离作用；花坛设置于庭院、广场入口处，可起到屏障的作用。

▲ 一串红、小菊组成的方形花坛，规则地摆放在广场周围，起到了划分空间的作用。

▲ 一串红、矮牵牛和三色堇构成的色块与假连翘修剪成的波状树篱、树球的组合，明确地分隔了空间。

▲ 红、白两色矮牵牛组成的模纹花坛，起到了分隔空间的作用。

▲ 一串红、小菊等组成的环形带状花坛，划分出了广场的独立空间。

❀ 4. 组织交通

在一定的花卉应用空间，通过花坛的设置，可以引导、组织交通，使人们按照花坛指引的方向行进。

▶ 交通环岛中央，一串红、小菊、矮牵牛组成色彩鲜艳的模纹图案，表达了人们喜迎"十八大"的喜悦心情，同时还起到了组织交通的作用。

◀ 在分车带中央，用一串红、小菊及五色草组成立体花坛，既起到了分隔空间的作用，又表达了喜迎"十八大"的热烈气氛。

❀ 5. 弥补园林中季节性景色欠佳的缺陷

花坛花卉可以随时选用或更换一、二年生花卉及温室花卉，通过花卉的选择或花期调控可以在露地花卉景色欠佳时进行环境装饰，弥补自然条件下景色欠佳的缺陷。

▼ 精美的铁艺花钵式花坛中，红色的鸡冠花和橙、黄两色万寿菊，层次分明，错落有致。

▲ 优美的草地上，垂盆草、姬凤梨等组成的框架式立体花坛，丰富了景观空间。

另外，花坛能够有效地柔化、绿化建筑物，塑造更人性化的生活空间。有时花坛的边缘还兼具座椅的作用，为人们提供休息之便。花坛内花团锦簇的花卉令人身心愉悦，同时能够起到净化空气、滞尘等作用。

如今，随着改革开放的不断深入，花坛的地位和作用愈加明显，花坛已经成为一个城市繁荣昌盛的标志，成为建设现代化城市和精神文明城市的象征。

▶ 垂吊的金叶番薯组成的花树，造型大方，灵活的栽植方式可以及时更换花材，弥补园林中季节性景色欠佳的缺陷。

▲ 曲线流畅的五色草花坛，犹如一曲精美的舞蹈，诠释了第八届花博会会徽"蝶恋花"的优美意境。

▼ 一串红、垂盆草等组成的线形立体花坛，象征着中国大城市内高架桥的快速发展。

（三）花坛发展趋势

随着城市建设的发展，人们的美化环境意识也不断提高，对花坛的要求已经不能仅仅满足于节日装饰的应用现状，要求在建设城市优美环境的过程中有更多的应用和更新的花坛艺术创造。目前，花坛的发展趋势有以下方面。

▲ 三色堇、矮牵牛组成的平面花坛，植物低矮整齐，色彩艳丽。

▶ 在公园入口处，由三色堇、银叶菊等鲜花组成的花海，五彩缤纷，分外美丽。

▲ 五彩缤纷的矮牵牛花海，独具匠心的金叶榕造型和远处林立的现代化建筑，展现出一派繁荣兴旺的景象。

1. 规模不断扩大

随着花卉应用场合越来越多，花坛从独立的平面花坛，逐渐发展为大规模的花坛群，甚至是大型的连续花坛群，花坛也从静态的构图发展为连续的动态构图。花坛的用花量也随着花坛规模的扩大而增加，1986 年天安门广场开始大规模国庆摆花时，只使用了 8 万盆花。1990 年十一届亚运会开幕前夕，使用了 10 万盆花装点。到 1991 年达到了 16 万盆，中心花坛的直径达 60 m。1997 年"万众一心"中心主题用花量骤增到 30 万盆，花坛直径达 68 m。2001 年花坛直径增加到最高峰的 72 m，2006 年的用花量达到 50 万盆。

2. 形式多样化

随着科学技术的发展，花坛设计不断推陈出新，花坛的形式也逐渐多样化，由最初的平面花坛发展到立面，直至现在的立体花坛，并由过去的规则式花坛格局向而今的自然式、立体造型、综合型等多种花坛的形式发展，使花坛的形式多样化。花坛设计的色彩也由简单的红、黄搭配发展为今天的色彩斑斓、繁花似锦，深受人们喜爱。

▲ 由非洲凤仙组成的附生花球。

▲ 非洲凤仙组成的大型立体花球上，点缀着白色和平鸽，象征着世界和平。

▲ 宽敞的道路旁，铺满了各色四季秋海棠大花带，让人赏心悦目，流连忘返。

◀ 古朴的木门悬挂着各色非洲凤仙组成的花球，显得清新、典雅。

▶ 以姬凤梨为花材制作的动物造型花坛，富有创意。

▼ 四季秋海棠、彩叶草组成的"火车头"立体花坛，新颖别致，生动形象。

▲ 小菊制作的立面花坛"牛",活泼生动,令人耳目一新。

▲ 由四季秋海棠装饰的摔跤运动造型。形象生动,
显示出搏击运动的激烈场面。

▲ 四季秋海棠组成大丽花图案,精美别致,与大丽
花争奇斗艳。

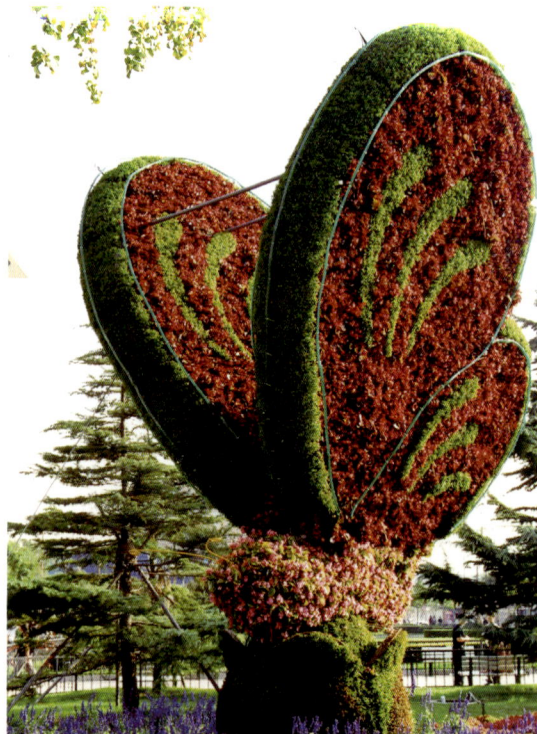

▲ 由五色草和四季秋海棠装饰的立体花坛"蝶",造型简洁,
图案精美。

▲ 小叶绿造型花坛。

▲ 五色草花坛小品"吹箫引凤",生动形象,寓意深刻。

▶ 观赏南瓜成为园林的装饰材料,硕果累累,大桥飞架和满载货物的列车,组成一派丰收祥和的景象。

▲ 红、黄相间的一串红、小菊组成了一只高大而美丽的"彩凤凰"。

❖ 3. 植物材料品种丰富

早期的花坛花卉的种类和品种都比较单调，比如人们俗称的"五一"三大件，即"金盏菊、三色堇、雏菊"，"十一"也不外乎早小菊、一串红、万寿菊等数十个种类。如今，花坛建设快速发展的新形势，带动了花坛花卉的生产，数百个花卉新品种应用于花坛，如矮牵牛、凤仙、夏堇等，使得花坛更加鲜艳美丽、五彩缤纷、生机盎然。

▲ 夏堇、小百日草、一串蓝、醉蝶花、观赏谷等许多新颖的花卉新品种，与山石高低搭配，组成了一个自然别致的花坛景观。

▶ 蓝紫色的洋桔梗和矮牵牛组成的带状花坛，花材新颖，色彩优雅。

▼ 黄色的小菊、鲜红的一串红组成的花坛，色彩喜庆热烈，是节日中传统的搭配形式。

▶ 蔬菜也可以做园林装饰。瞧！草地上两艘由南瓜组成的"赛艇"花坛，好似竞赛般划动在宽阔的水面上。

◀ 北京玉渊潭公园，由四季秋海棠和小菊组成的"凤凰"立体花坛，色彩鲜艳，生动别致。

4. 花坛制作技术增强

最初，人们美化环境的手段极为有限，无外乎平面种植或盆花摆放，而近年来，花卉应用技术在实践中不断完善和提高，融合了不少新技术，从较为原始的方式，发展为先进综合的科学方法。这些技术主要体现在以下几个方面。

▶ 黄色小菊制作的立体花墙上，红色的飘带，飞翔的白鸽，墙前的大丽花，花朵硕大，争奇斗艳。

● **卡盆式的缀花技术**

以前立体花坛盆花需要下盆或打蒲包，现在已被规格统一的 PVC 卡盆种植钵和各式钵床所替代。

▲ 建筑立体花坛上红色的秋海棠和黄色的小菊，采用近似配色，整体美观大方。

▲ 三色堇组成的彩色花柱，美观大方。

▲ 由三色菊花构成的花拱，托起一个银色的球体，表现中华民族向新世纪迈进的壮志。

● **微灌技术**

　　微喷和微滴灌技术自 1997 年开始应用，通过 PVC 管件和滴头，使水能够直接供给每一盆花，比传统的喷灌、浇灌方式更为精确，而且更加节水，且滴头易于安装，方便控制，解决了大型立体花坛在养护上的难题。

▲ 昆明世界园艺博览会上，由小菊等组成的大型花船立体花坛，是我国立体花坛应用的里程碑。

▼ 小菊组成的立体花门，别具特色。

● **照明技术**

夜景照明不仅使游人能在夜晚观赏花坛，提高花坛应用价值，而且能够创造丰富多彩的灯光效果，达到"白天赏花、夜晚观灯"的景观效果，使花坛景观更为丰富多彩、绚丽夺目。

▶ 精美的立体花坛在灯光映衬下，画面生动，如同一幕优美的童话剧。

▶ 美丽的灯光将花坛的夜景衬托得更加绚烂。

▼ 带状花坛与稻草人小品组合，生动地展现了人们在美丽的花田中劳作的场景。

● 施工工艺

花坛的骨架结构加工、微滴灌管线和照明灯具的安装等新技术的推广应用以及大型运输、吊装等机械设备的配置，使得花坛施工工艺比以前有很大改善，施工周期明显缩短。

▲ 北京天安门广场上，五色草组成立体建筑和运动健儿形象。

◀ 一层层的悬崖菊花犹如瀑布飞下，在红色墙体的衬托下，优美壮观。

● 与其他景观相结合

在花坛的运用中，除单独使用花坛外，也越来越多地将花坛与其他园林景观相结合，如花坛与雕塑、喷泉、山石、建筑、水体等相结合，使其景观效果更加丰富。

▶ 小菊制作的蛟龙和龙舟，倒映水中，自成一体，令人叹为观止。

▲ 由矮牵牛、一串红和小菊等组成的
天安门广场中心花坛的局部，花坛色
彩简洁，气势宏伟，场面壮观。

▶ 小菊盘扎而成的狮子造型，以及亭顶
的花坛装饰，体现了园艺工作者的匠心
独运及高超技术。

▼ 花坛的鸟瞰。中心为山石盆景造型，
四周不对称地种植一串红、万寿菊、
翠菊等草本花卉。

▲ 优美的立体花坛与喷水景观结合，真可谓独具匠心。

二 花坛的类型

花坛的类型可根据花坛的形态、形状、表现方式、植物材料、观赏季节等特点进行分类。常见的有两种分类方法。

（一）以花坛的形态分类

🌸 1. 平面花坛

种植床的高度与地面一致且基本相平的花坛称为平面花坛，包括花丛式花坛和模纹花坛，是应用最广泛的形式之一。平面花坛一般多设在广场和道路的中央、两侧及周围，以及重要路口、交通环岛等处，有时也设在比较宽阔的草地中央以及建筑物前等，多采用规则式布局，处于规则式环境中。

▲ 由非洲凤仙、金鱼草、金叶榕组成的平面花坛，色彩鲜艳，高度整齐。

▲ 绿色的草地上，矮牵牛、孔雀草和蓝花鼠尾草组成的带状花坛，曲折优美，色彩艳丽。

▲ 广场上，由万寿菊、矮牵牛、一串红、银叶菊组成的平面花坛上，金鸡百花奖的吉祥物在欢快地迎接着各方宾客。

❀ 2.斜面花坛

花坛的表面为斜面，是主要的观赏面，即种植床面有一定的倾斜度，与水平地面呈一定角度的花坛称为斜面花坛。花坛的倾斜度、形状及面积依据具体设置地点的情况而定。斜面花坛是近些年新出现的花卉应用形式，常沿路边坡面或台阶而设，灵活而方便，观赏效果好。

▶ 鸡冠花、一串红、菊花和叶子花组成的带状斜面花坛，色彩热烈，与欢快的节日气氛相协调。

▲ 由菊花、一串红为主要花材组成的色彩明快、简洁的花坛。

🎀 3. 高设花坛

　　高设花坛亦称花台，是将花卉栽植于高出地面的台座上的花坛，面积较小，四周用砖或混凝土砌出矮墙，里面装土，将花卉种在台子上，以增加立体感。花台常布置在广场或庭院的中央，以及建筑物的前面，或绿地中及道路交叉口处。

▲ 丰花月季、雪松、龙柏，色彩对比鲜明，是标准的花台形式。

◀ 由万寿菊、百日草、醉蝶花和观赏谷组成的花台，色彩清新，层次分明。

▲ 花台里的金叶过路黄色彩鲜艳，增加了花卉景观的立体感。

▲ 连续的圆形花台中，一串蓝花色纯净。

4. 立体花坛

指具有立面竖向景观，将花卉植物种植在二维或三维的立体构架上形成的植物艺术造型。立体花坛是一种新兴的园艺形式，是目前花坛应用的最高级形式。在搭建好各种造型的结构内填充栽培介质，然后种上色彩多样的花草，成为有生命的植物雕塑。

▲ 在万寿菊、一串红和粉色小菊的衬托下，黄色小菊鲜花组成的山羊立体花坛造型，栩栩如生，象征着羊城的欣欣向荣。

▼ 龙形五色草立体花坛，高大精美，成为视觉焦点。

▲ 由四季秋海棠组成的"地球"立体花坛，形象地勾画出了三大洲的版图。

▲ 鲜红的彩叶草立体花塔，丰满而极富装饰性。

▶ 由四季秋海棠组成的"射箭"立体花坛造型，简洁而生动。

▲ 红、白两色四季秋海棠组成了一组可爱的"花伞"立体造型。

▲ 五色草组成的立体花坛雕塑"舞"，生动活泼。

▲ 鸡冠花、小菊、四季秋海棠组成的立体花塔，表达了秋季丰收的景象。

▼ 由四季秋海棠和小菊组成的蝴蝶立体花坛，形象生动可爱。

❀ 5.活动式花坛

是能够移动的花坛，包括花钵、花槽、花箱以及盆花群等，可以根据需要适用于铺装地面的临时摆放，也可用于室内装饰。活动式花坛是近些年常见的一种花卉应用形式，其特点是机动灵活，装饰性强，可以多种组合。

▲ 彩叶草装饰的立体花钵，层次鲜明。

▲ 金叶番薯和四季秋海棠组成的立体花钵，色彩艳丽，错落有致。

◀ 由矮牵牛、鸡冠花、万寿菊和一串红组成的盆花群花坛，图案简洁，线条优美，衬托着球形装饰，丰富了景观空间。

▶ 一组夏堇和四季秋海棠方形花钵，在万寿菊和彩叶草的衬托下，规则而富有变化。

▶ 矮牵牛花箱。

▲ 小菊组成的移动花钵，与围合在中心的盆栽棕竹，形成一个花坛的整体，构思巧妙，新颖别致。

◀ 整齐排列的花钵中，各色的非洲凤仙争相吐艳，形成一道美丽的风景线。

▲ 整齐排列的矮牵牛花钵，有效地划分了空间。

（二）以花坛的表现形式分类

❀ 1. 花丛式花坛

这类花坛主要表现植物花卉群体的绚丽色彩，以及不同花卉品种组合搭配所呈现的华丽图案和优美外貌。这类花坛设置和栽植较粗放，没有严格的图案要求。但是，必须注意使植株高低层次清楚、花期一致、色彩协调，一般以一、二年生草花为主。花丛式花坛根据长宽比例变化又可分为下以3种。

▲ 矮牵牛、一串红、万寿菊组成的花丛式花坛，色彩繁多，整齐一致。

● **盛花花坛**

又称为集栽花坛，主要由观花的草本花卉组成，表现开花时的整体效果美，可由同种花卉不同品种、花色或多种花卉组成。此类花坛在布置时不要求花卉种类繁多，而要求图案简洁鲜明，对比度强，其目的是着重观赏花盛开时整体的色彩美，因此须用色彩鲜艳的花卉。花坛平面纵轴和横轴长度之比在1∶1～1∶3之间，主要作主景。

▲ 别致的白色拉膜亭前，虞美人、三色堇和藿香蓟等组成的盛花花坛，色彩鲜明，线条流畅，体现了园林景观的现代美。

▲ 四季秋海棠、三色堇和矮牵牛组成的盛花花坛，色彩明快，装饰性强。

▲ 三色堇、银叶菊组成的大型花丛式花坛，犹如一片花的海洋，令人神往。

▼ 风车小木屋在一串红、矮牵牛、非洲凤仙组成的盛花花坛的衬托下，愈发精致美观。

● 带状花坛

　　狭长的花丛式花坛，花坛的长、短轴的比例超过 3 ~ 4 倍以上时称为带状花坛，或称为花带。带状花坛通常作为配景，布置于带状种植床，如道路两侧、建筑基础、墙基、岸边或草坪上，有时也作为连续风景中的独立构图。带状花坛既可由单一品种组成，也可由不同品种组成图案或成段交替种植。根据环境的特点，花带可以为规则式矩形栽植床，也可以是流线型。花坛宽度通常不超过 1 m，长轴与短轴之比至少在 4 倍以上的狭长带状花坛，亦称为花径，仅作为草坪、道路、广场之镶边或作基础栽植，通常由单一品种做成，内部没有图案纹样。

▲ 行走在矮牵牛、四季秋海棠、鸡冠花等组成的花径中，犹如在花海中畅游。

▼ 用雏菊、金盏菊、三色堇组成的带状花丛花坛，蜿蜒曲折，如同一条彩色的小溪，令人赏心悦目。

▲ 蜿蜒流动的彩叶草狭长带状花坛，与修剪整齐的绿篱搭配，简洁明快，相得益彰。

▶ 路边的万寿菊带状花坛，色彩明亮，自然协调。

▶ 红、黄相间的彩叶红桑和金叶假连翘组成的花丛花坛，色彩对比鲜明，整齐划一。

● **自然式花坛**

花坛的边缘不规则，甚至两边不完全平行。所用花材高度、花期一致，表现花卉集体盛开时的效果。常布置于自然式园林中，结合环境与地形，形式较为灵活，如布置在山坡、山脚的花台，其外形根据坡脚的走势和道路的安排等呈现富有变化的曲线，边缘常砌以山石，既有自然之趣，又可起到挡土墙的作用。在中国传统园林中，常在影壁前、庭院中、漏窗前、粉墙下或角隅之处，以山石砌筑自然式花台，通过植物配置，组成一幅生动的立体画面，成为园林中的重要景观甚至点睛之笔。

▲ 路边、疏林下，矮牵牛和非洲凤仙组成的花坛地被，如同一片花的海洋。

▲ 三色堇、雏菊组成的花丛花坛，与山石、树木搭配，景色自然和谐。

▼ 各色矮牵牛组成的花丛式花坛，花团簇簇，与竹亭藤架等构成了景色优美的田园风光。

2. 模纹式花坛

模纹花坛主要用花卉材料来显示细腻而精美的图案花纹、标语文字、人物肖像等。多采用低矮紧密而株丛较小的花卉，如五色草类、三色堇、半支莲、雏菊、彩叶草、矮一串红、矮鸡冠花、孔雀草等，要求株高不超过 20 cm。根据花坛的表现效果又可分为：

● 毛毡式花坛

主要用低矮观叶植物组成精美复杂的装饰图案，花坛表面修剪平整呈细致的平面或和缓曲面，整个花坛宛如一块华丽的地毯，故称为毛毡花坛。

▲ 由红、绿五色草组成的模纹花坛，图案生动，令人耳目一新。

▶ 低矮的模纹植物展现出了精美的图案，犹如一块华丽的毛毯。

▲ 由黄、蓝两色三色堇构成的毛毡式花坛图案，色彩对比鲜明，生动活泼。

● **浮雕式花坛**

与毛毡花坛之区别在于
通过修剪或配植高度不同的
植物材料，形成表面纹样凸
凹分明的浮雕效果。

▶ 屋顶绿化协会用屋顶奥运五环浮雕
式花坛的独特方式宣传奥运。

▶ 小红叶和佛甲草相互映衬，组成线条
优美的浮雕花坛。

▼ 平整如茵的草地上，镶嵌着以五色草组成的文字和世博会
浮雕式模纹图案，精美别致。

● 花结式花坛

主要用黄杨等和多年生花卉如紫罗兰、百里香、薰衣草等，按一定图案纹样种植，模拟绸带编成的彩结式样的花坛。图案线条粗细相等，由上述植物组成图案轮廓，条纹间可用草坪为底色或用彩色砂石填铺。有时也种植色彩一致、高低一致的时令性草本花卉，装饰效果更强。

▲ 用矮牵牛在草坪上装饰的彩结式模纹花坛，构图简洁，线条活泼。

▶ 鲜黄的金叶假连翘修剪成优美的彩结花坛，吉祥物灵灵巧妙地设置其中，使整个画面生动活泼。

▲ 以福建茶、金叶假连翘修剪的彩结式花坛，配以整形的圆柏和垂叶榕做点缀，衬托出高大建筑物的宏伟壮观。

● **标题式花坛**

用观花或观叶植物组成具有明确的主题思想的图案，按其表达的主题内容可分为文字花坛、肖像花坛、象征性图案花坛等。标题式花坛最好设置在角度适宜的斜面以便于观赏。

▲ 小叶红和白草组成的廊架式立体标题式花坛，新颖别致。

▲ 五色草、四季秋海棠、小菊等组成的大型的标题式花坛，表达了第七届花博会的主题。

▲ 平整如茵的草地上，镶嵌着五色苋组成的文字花坛和精美的模纹图案。

● **装饰物花坛**

以观花、观叶等不同种类配置的装饰物的花坛，如做成日历、日晷、时钟等形式的花坛，大部分时钟花坛以模纹花坛的形式表达，也可采用细小致密的观花植物组成。

另外还有根据植物材料可分为一、二年生花坛、宿根花坛、球根花坛、木本花坛等。

▲ 四季秋海棠、彩叶草和非洲凤仙组成的装饰物花坛——日晷，精巧别致，色彩鲜艳。

▲ 由一串红、万寿菊、矮牵牛等花材制作的时钟花坛，简
洁美观。

▲ 矮牵牛等组成的带状花坛。

▲ 由三色堇、万寿菊、鸡冠花组成的时钟花坛。

▲ 福建茶、金叶假连翘等灌木组成的模纹花坛，色
彩鲜明，精巧别致。

▲ 木本植物假连翘、红桑和福建茶修剪成的精美模纹图案，展现了园林工人的精湛技艺。

◀ 五色椒、一串红等盆栽布置的大型方形花坛，装饰着秋日的校园。

◀ 八角形的花坛，绿色的黄杨、黄色的金叶女贞，烘托着中心红色的雕塑，色彩对比鲜明，富有层次变化。

▼ 利用金叶假连翘、红桑和狭叶木樨榄树球的色彩变化，在深远浓绿的颜色衬托下，弹奏出跳跃的音符。

三　花坛的设计

花坛讲究群体效果，符合功能要求，并与环境协调。盛花花坛要求高度整齐，花期一致；模纹花坛要求图案清晰、色彩鲜明、对比度强；自然式花坛花境要求花繁色亮，美观大方；立体花坛要求形象大气，富有生命力。

（一）花坛的设计原则

花坛主要用在规则式园林的建筑物前、入口、广场、道路旁或自然式园林的草坪上。进行花坛设计，应遵循以下设计原则。

▼ 福建茶、金叶假连翘等组成的模纹花坛，图案清晰，色彩鲜明。

▲ 四季秋海棠和五色草等组成的奥运火炬立体花坛，传递着奥运的精神。

▲ 形象大气的五色草花坛门，图案清晰，色彩对比鲜明。

❀ 1. 以花为主

花卉是构成花坛的主体材料。随着时代的发展，花坛的形式日趋多样，花坛中也越来越多地使用其他非植物材料的骨架、构件等，但任何时候，花卉都应该是主体，其他材料不能喧宾夺主。

▲ 四季秋海棠、小菊和五色草等花卉组成抽象的京剧脸谱，生动形象，展示着中国的传统文化。

▲ 立体花坛表示的花树，与菊花、小鹿，组成了一幅悠然自得的优美画卷。

▸ 由五色草、万寿菊装饰的花船航行在花海之中。

◂ 四季秋海棠、五色草为主的大型立体花坛，展现了各民族团结一家亲的美好景象。

🞉 2. 功能原则

　　花坛除其观赏和装饰环境的功能外，因其位置不同，常常具有组织交通、分隔空间等功能，尤其是交通环岛花坛、道路分车带花坛、出入口广场花坛等，必须考虑车辆通行及人流量，不能造成视线遮挡、分流不畅、交通阻塞等问题。

▲ 跌水两侧依势而下的带状花坛中，深浅两色的醉蝶花花枝怒放。

▶ 用一串红、孔雀草组成的五行八卦模纹花坛，具有分隔空间，组织交通的功能。

▲ 入口处的一组竖琴、漏窗、人物、动物等造型的模纹式立体花坛，生动形象。

▲ 常州花博会中，上海园入口处，五色草组成的拱形立体花坛，兼具引导行人行走路线的功能。

▼ 出入口设置的五色草花坛门，既美化装饰了环境，又起到组织交通，分隔空间的功能。

❀ 3. 遵循艺术规律

园林美是通过艺术造园手法，使用一定的造园要素表现出来的。符合时代和社会审美要求的园林的外部表现形式，是通过点、线、图形、体形、光影、色彩和朦胧虚幻等形态表现出来的。

园林花卉的观赏特征包含着丰富的形式美的要素，在遵循科学性原理的前提下，按照形式美的规律在平面和空间进行合理的配置，形成点、线、面、体等各种形式不同的花卉景观，正是花卉应用设计的基本内容。

▲ 仙人球拼成的中国地图形状的花丛式花坛，非常富有艺术性。

▲ 红色的一品红衬托的一对跳跃的海豚立体花坛，生动活泼，形态优美。

▼ 北京天安门广场上四季秋海棠等组成精美的花球、花柱以及大片的花丛式花坛，体现了花坛丰富多样的形式美。

▲ 五色草立体花坛"梅花鹿"，在水雾和观赏草的映衬下，生动而富有朝气。

▲ 五色草、小菊组成的花树，极具艺术美。

▶ 以五色草、四季秋海棠为主的一组立体花坛，高山流水，晨雾朦胧，展现出一幅美丽中国的美好画面。

▶ 五色草和小菊组成立体花坛，似一对蝴蝶仙子，翩翩起舞，美轮美奂，充分展现了花坛的艺术美。

▲ 由百日草和矮牵牛等组成的大型花丛花坛，很好地装饰了广场的平面空间。

❀ 4. 遵循科学原理

　　花卉与环境条件有着密切的关系，无论是花卉的分布，还是生长发育，甚至外貌景观都受到环境因素的制约。因此，在花坛应用设计中，遵循花坛与环境相互关系的规律即生态学的原理，是最基本的原则。在花坛应用设计中，需考虑地域、气候、季节等因素，正确选择植物材料才能够做到适时、适花、适地。

▲ 彩叶草、四季秋海棠等花卉因地制宜地应用在园林中，极富装饰性。

（二）花坛的设计方法

花坛设计方法必须从周围的整体环境来考虑所要表现的园景主题、位置、形式、色彩组合等因素。

▲ 用黄色小菊组成的奥运口号"同一个世界"，表现出全世界人民追求和平、自由、平等的美好愿望。

❀ 1. 花坛的主题

主题思想就是用艺术手段达到宣传目的和观赏效果。主题思想和基本形式的确定是节日花坛设计的重要环节，决定了花坛的寓意和形式规模。节日花坛的设计主题通常反映城市的建设重点，取得的重大成绩，或者歌颂和平盛世，烘托营造气氛等，具有强烈的政治或文化寓意。

当然，不是所有的园林和园林中所有的花坛都必须讲究主题，有的花坛只是起到装饰环境、烘托气氛的作用。

▲ 雕刻精细，巍峨壮观的大三巴牌坊，是澳门最具代表性的名胜古迹。花博会澳门园中，以五色草花坛的形式展现澳门的特色建筑。

▲ 非洲凤仙和五色草装饰的立体花坛，展现了新时代的北京。

▲ 由五色草装饰的立体花坛"延安宝塔"，矗立在山花烂漫的山顶，歌颂了中国共产党的光辉革命历程。

▲ 菊花花会入口前，五色草和小菊组成的一组折扇造型花坛，体现了中国传统文化艺术。

▲ 鸡冠花、万寿菊、矮牵牛、夏堇等组成的三角形花坛，色彩缤纷。

▲ 小菊、鸡冠花组成的孔雀造型立体花坛，造型优美，装饰性强。

▶ 生动形象的滑冰运动员、放大的雪花，无不体现了五色草花坛所表现出的精美艺术效果。

▶ 非洲凤仙组成的大型立体花球上，点缀着白色的和平鸽，象征世界和平。

❂ 2. 花坛的位置及其与环境的关系

花丛式盛花花坛常设在视线较集中的重点地块，如大型建筑前，人流聚集的热闹广场等。带状花丛花坛通常作为配景，布置于带状种植床，如广场两侧、道路中央及边缘、建筑物、墙基、岸边或草坪上，有时也作为连续风景中的独立造型。

花坛周围环境的构成要素包括建筑、道路、广场以及背景植物，它们与花坛有密切的关系。

▲ 道路旁，一串红、万寿菊、夏堇组成曲折变换的带状花坛，与错落的绿篱相呼应。

▲ 醉蝶花和一串红组成的带状花坛，在草坪上组成一道亮丽的风景。

● 对比

空间构图对比，如水平方向展开的花坛与规则式广场周围的建筑物、装饰物、乔灌木等立面或立体构图之间的对比。

▶ 线条流畅的绿篱围合的鸢尾花，水平错落排列，与后面的图腾柱形成空间上的对比。

色彩对比，如周围建筑和铺装与花坛在色相饱和度上的对比，以及周围植物以绿为主的单色与花坛的彩色的对比。

质地对比，如周围建筑物与道路、广场以及雕塑及墙体等硬质景观与花坛植物材料的质地对比。

▶ 草坪草组成的八角形造型花坛，与四周白色的卵石形成鲜明的质地和色彩的对比。

▲ 纯正鲜红的一品红组成的带状花坛，与天安门广场的硬质铺装形成质地上的对比。

▲ 红色的一串红、橙色的万寿菊以及粉色的夏堇，均与后面绿色的松柏形成鲜明对比。

● 协调与统一

作为主景的花坛，其外形必然是规则式，其本身的轴线应与构图整体的轴线相一致。花坛或化坛群的平面轮廓应与广场的平面轮廓相一致。花坛的风格和装饰纹样应与周围建筑物的性质、风格、功能等相协调。

▲ 两色小菊组成的弯曲的带状花坛，与月季园的轮廓相协调。

▶ 假连翘与草花结合种植的几何形花池，与后面的建筑相呼应，整体协调，美观大方。

▶ 红色矮牵牛组成的花坛的平面轮廓，与远处高大牌坊的形式相一致。

▲ 沿台阶依势而下的带状花坛，展示了花坛与地势的协调统一。

▲ 街边绿地用福建茶和金叶假连翘相配置，形成精美的动物造型。

如动物园入口广场的花坛，以动物形象或童话故事中的形象为主体就很相宜，而民族风格的建筑广场的花坛，则宜设计成富有民族特色的图案纹样。

作为雕塑、纪念碑等基础装饰的配景花坛，花坛的风格应简约大方，不应喧宾夺主。

▲ 植物园门前，用五色草组成的模纹花坛，与公园主题相呼应。

▶ 小菊、一串红组成的弧形带状花坛，布置在环形道路的两侧，形成一道优美的风景线。

（三）花坛的布置

❀ 1. 花坛的体量

花坛的体量即花坛的大小、高矮、长宽等尺度。确定花坛的体量，应根据均衡、协调的设计原理，关键要处理好与周围环境、场地大小的协调关系。花坛大小一般不超过广场面积的 $1/5 \sim 1/3$。

▶ 绿篱花坛中，一对五色草立体花坛"企鹅"，相对而视，亲切和谐。

▲ 四季秋海棠组成的和平鸽立体花坛，象征着人们对和平的向往。

▲ 矮牵牛花钵组合，错落有致，精巧美观。

▲ 由蕨类植物组成的室内立体花坛，展现了喜阴
植物的应用。

▲ 四季秋海棠、小菊和小叶绿组成的一对"鸽子"立体花坛，形象逼真，造型可爱。

▲ 新几内亚凤仙组成的花丛花坛。

平地上图案纹样精细的花坛面积愈大，观赏者欣赏到的图案变形愈大，因此短轴的长度最好在 8 ～ 10 m 之内，图案简单的花坛直径可达 15 ～ 20 m。

方形或圆形的大型独立花坛，中央图案可以简单些，边缘 4 m 以内图案可以丰富些，对观赏效果影响不会很大。

如广场很大，可设计为花坛群的形式。交通环岛的转盘花坛是禁止入内的，且从交通安全出发，直径应大于 30 m。

◀ 圆形的独立花坛，以黄色的小菊做底色，暗红色的彩叶草组成简洁、抽象的中心图案。

◀ 天安门广场上，各种花卉组成的花山，将五色草立体花坛"延安宝塔"衬托得更加高大雄伟。

2. 花坛的平面布置

　　主景花坛外形应是对称的，平面轮廓应与广场相一致。但为了避免单调，在细节上可有一定变化。在人流集散量大的广场及道路交叉口，为保证功能作用，花坛外形可与广场不一致。

　　构图上可与周围建筑风格相协调，如民族风格的建筑前可采用自然式构图或花台等形式，人流量大、喧闹的广场不宜采用轮廓复杂的花坛。

▲ 昆明世博园内，各色花卉组成的大型花坛群，色彩艳丽，气势宏伟。

3. 花坛的立面处理

　　花坛表现的是平面的图案，由于视角关系离地面不宜太高。一般情况下单体花坛主体高度不宜超过人的视平线，中央部分可以高一些。

▶ 大叶黄杨、金叶女贞和紫叶小檗三色植物组成的规则式花坛。

花坛为了排水和主体突出，避免游人践踏，花坛的种植床应稍高出地面通常 7 ～ 10 cm。为了利于排水，花坛应中央拱起，保持 4 ～ 10 cm 的排水坡度。

花坛种植床周围常以边缘石保护，边缘石也具有一定的装饰作用。边缘石的高度通常 10 ～ 15 cm，在大型花坛中，最高也不超过 30 cm。种植床靠边缘石的土面须稍低于边缘石。边缘石的宽度应与花坛的面积有合适的比例，一般介于 10 ～ 30 cm 之间。边缘石可以有各种质地，但其色彩应该与道路和广场的铺装材料相协调，色彩要朴素，造型要简洁。

▲ 郁金香、矮牵牛、万寿菊组成的花丛花坛，色彩艳丽，层次清晰，突出了立面景观。

▲ 花烛、凤梨、秋海棠组成的模纹花坛利用缓坡地形，立面效果丰富。

（四）花坛的内部图案纹样设计

花坛的图案纹样应该主次分明、简洁美观。忌在花坛中布置复杂的图案或等面积分布过多的色彩。

由五色草类组成的花坛纹样最细不可窄于 5 cm，其他花卉组成的纹样最细不少于 10 cm，常绿灌木组成的纹样最细在 20 cm 以上，这样才能保证纹样清晰。

▲ 五色草组成的长城立体花坛，壮观雄伟。

▲ 由红叶红花的四季秋海棠做底色，将由假连翘修剪而成的模纹字块衬托得醒目立体，体现了造园的人工美。

▼ 彩叶草、万寿菊、五色草组成的立体花坛，展现了美丽的秋色。

▲ 可爱的"小蚂蚁"五色草立体花坛,线条清晰,精致可爱。

装饰纹样风格应该与周围的建筑或雕塑等风格一致。通常花坛装饰纹样都富有民族风格,西式花坛常用与西方各民族、各时代的建筑艺术相统一的纹样,如希腊式,罗马式,拜占庭式以及文艺复兴式等。

▲ 红、黄两色小菊组成的"菊"字立体花坛,色彩鲜明,构思巧妙。

▲ 由彩叶草、四季秋海棠、小菊和五色草组成的大型模纹花坛,文字清晰,图案流畅。

从中国建筑的壁画、彩画、浮雕，古代的铜器、陶瓷器、漆器等借鉴而来的云卷类、花瓣类、星角类等，都是具有我国民族风格的图案纹样，另外新型的文字类、套环等纹样也常常使用。

标志类的花坛可以使用各种标记、文字、徽志作为图案，但设计要严格符合比例，不可随意更改。纪念性花坛还可以人物肖像作为图案，装饰物花坛可以日晷、时钟、日历等内容为纹样，但需精致准确。

▲ 菊展上，深浅不同的绿色模纹花坛在小菊的衬托下，清晰明快。

▲ 大型的五色草立体花坛前，由四季秋海棠和彩叶草组成的花坛图案，生动活泼。

▲ 三只五色草花坛"陶罐"，高低错落之间仿佛有流水声相传，别有情致。

▲ 菊花丛中，生动形象的五色草花坛"大象"上，精美细腻的图案表现得淋漓尽致。

（五）花坛的色彩设计

❀ 1. 花坛色彩设计的原则

　　花坛色彩设计除遵循一般色彩搭配规律外，还应注意以下几点：

　　● 同一色调或近似色调的花卉，易给人以柔和愉快的感觉。例如万寿菊、孔雀草都是橙黄色，给人以鲜明活泼的印象；荷兰菊、藿香蓟、蓝色的翠菊，给人以舒适、安静的感觉。

▲ 蓝色的香彩雀和洋桔梗带状花坛，展现出浪漫的色彩。

◀ 由万寿菊、矮牵牛和一串红组成的花坛，颜色鲜艳，烘托出电影节喜庆的气氛。

▼ 单色配置的宿根福禄考花丛花坛，迷人的紫色呈现出神秘的氛围。

● 对比色相配，对比色的花卉在同一
花坛内不宜数量均等，应有主次之分。

▲ 黄色万寿菊和紫色的矮牵牛花钵，采用对比配色，色彩活泼。

▲ 繁体的立体花坛"开"字绿红对比，色彩鲜明。

▲ 白色的花廊色调明快，绿色的杜鹃花和浓艳的红色草组成的规则半圆图案，犹如美丽的镶边。

● 白色的花卉除可以衬托其他颜色花卉外，还能起到两种不同色调的调和作用。白色花卉也常用于在花坛内勾画出纹样鲜明的轮廓线。

▎ 银叶菊和彩叶草等组成的花坛。

▎ 造型规则的扇形花坛中，白色勾画出鲜明的纹样。

△ 紫红色的四季报春和林荫下的花毛茛、三色堇，呈现出美丽的春色。

● 花坛一般应有一个主色彩，其他颜色的花卉则起着勾画图案、线条、轮廓的作用，因此一般除选用 1～3 种主要花卉外，其他花卉则为衬托，使得花坛色彩主次分明。

忌在一个花坛或一个花坛群中花色繁多，没有主次，即使立意和构图再好，也会因色彩变化太多而显杂乱无章，失去应有的效果。

▲ 由杜鹃、小菊等花材，构成"CT"字母造型主题花坛。

◀ 微缩的"遵义会议"会址坐落在翠竹和万花丛中，象征着中国共产党不断发展壮大的光辉历程。

● 应根据四周环境设计花坛色调。如在公园、剧院和草地上则应选择暖色的花卉作为主体，使人感觉鲜明活跃；办公楼、纪念馆、图书馆、医院等处，则应选用淡色的花卉作为花坛的主体材料，使人感到安静幽雅。

▲ 绿色的草坪上，由四季秋海棠、彩叶草等组成的立体花坛，好似精美的小蛋糕，令人赏心悦目。

▲ 大叶黄杨、金叶女贞、紫叶小檗模纹花坛色彩明快，是北方最常用的木本模纹花坛材料。

还需考虑花坛背景的颜色，红色的墙前，不宜布置以红色为主色调的花坛，蓝色、紫色等深色调也不适宜，而应选择黄色、白色等较亮的颜色作为主色调；白色的背景前，宜布置饱和度高、鲜明艳丽的色彩作为主色，才可形成色彩对比的效果。

2. 花坛配色设计

● 统一配色

在整体色彩设计时，要求追求统一、协调的效果，包括单色配置、近似色配置和同一色调配置。不同的配色可创造多种艺术效果，或华丽，或浪漫，或宁静，或温馨等。

▲ 单色的三色堇花海，象征着一派欣欣向荣的景象。

▲ 由深浅不同的紫色的香彩雀和洋桔梗组成的花带景观，属于单一配色，和谐统一。

▲ 单色布置的鸢尾花坛，高雅神秘。

▲ 红、黄两色彩叶草相间组成的花坛，色彩鲜明。

▶ 以红色的一串红、黄色的孔雀草、万寿菊组成的花坛，颜色热烈，烘托节日气氛。

▼ 深浅两色三色堇组成的花丛式花坛。

● **对比配色**

对比配色重在表现变化、生动、活泼、丰富的效果，包括色相对比和色调对比。色相对比如红与绿，黄与紫，橙与蓝等；色调对比如色彩深浅对比。强烈的对比能表现各个色彩的特征，鲜艳夺目，给人以强烈、鲜明的印象，但也会产生刺激、冲突的效果。因此在对比配色中，各种颜色不能等量出现，而应主次分明，在变化中求得统一，是为关键。

▲ 黄、蓝对比色配置的三色堇花坛，色彩鲜艳，视觉强烈。

▶ 蓝色的蓝花鼠尾草和橙色的孔雀草，形成鲜明的对比配色，效果突出。

▼ 黄、紫两个对比色的矮牵牛花坛，色彩活泼艳丽。

▲ 翠绿的佛甲草和深红的胭脂红景天配置在一起，红绿相间，对比分明。

▲ 由红叶红花和绿叶白花四季秋海棠组成的花坛，对比鲜明。

▲ 用三色堇组成的模纹花坛，黄、蓝相映，色调艳丽，对比清晰。

● **层次配色**

　　色相或色调按照一定的次序和方向进行变化，叫层次配色。这种配色效果整体统一，并且有一种节律和方向性。

▶ 层次配色的各种花卉布置成美丽的花坛，如同彩虹般绚烂。

▲ 由三色堇和矮牵牛组成的花丛式花坛,色彩层次分明,形成独特的景观效果。

▲ 采用层次配色的各色矮牵牛组成的花带,线条流畅而富有韵律。

► 由非洲凤仙、矮牵牛、三色堇等花卉组成五彩缤纷的花带,从坛罐中倾泻而出,如同奔腾的流水欢快地流淌着。

▼ 层次配色的各色矮牵牛,中间配以白色作调和,好似大海涌起的波浪,木船在乘风破浪,扬帆远航。

● 多色配置

将多种色相的颜色配置在一起，这是一种较难处理的配色方法，把握不好往往会导致色彩杂乱无章，处理得好可以显得灿烂而华丽。花卉配置时应注意各种色彩的面积不能等量分布；要有主次，以求得丰富中的统一，另外也要注意在色调上力求统一。

▲ 多色配置的矮牵牛花坛，五彩缤纷。

▶ 勋章菊、矮牵牛和四季秋海棠组成的花坛，五彩缤纷，使人赏心悦目。

▲ 由勋章菊、三色堇、藿香蓟、矮牵牛组成的大型花坛，图案简洁、色彩明快。

▲ 一串红、小菊等各色花卉组成的大型节日花坛，如同欢乐的海洋，装点着节日的首都。

▲ 由一串红、矮牵牛、万寿菊和地肤等多色花卉组成的花坛，与五色草组成的模纹花坛形成对比。

四 花坛植物的选择依据

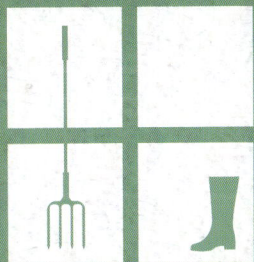

（一）花坛植物选择的原则和依据

　　花坛是展现花卉群体美的一种布置方式，花坛用花草宜选择株形整齐、具有多花性、开花齐整且花期长、花色鲜明、能耐干燥、抗病虫害和矮生性的品种。

❀ 1. 按花卉装饰应用地点选择

　　应根据特定地区的温度、湿度条件、光照强度及日照时间等来选择生物学特性较为适合的植物材料，以达到完美的装饰效果。在广场、面积较大的绿地等具有较开阔的空间环境中，应考虑选用喜光并具有一定抗旱性的植物；在居室内、庭院林下则应考虑其耐阴性。

▶ 路旁花带中，一棵棵五色草制作的"幼苗"破土发芽，苗壮生长。

▲ 金叶番薯衬托着胭脂红景天制作的花球小品，极富趣味性和装饰性。

▲ 色彩鲜艳的花坛，点缀着由矮牵牛装饰的花球和花拱桥，丰富了立体空间。

▶ 四季秋海棠、万寿菊、矮牵牛组成的花箱。

▶ 胭脂红景天、垂盆草、金叶佛甲草组成的林下花坛，红黄搭配，规则整齐。

2. 按花坛的类型选择

不同花坛类型表达的效果不同，对花卉材料的要求也不同。毛毡式花坛要求图案精美；花丛式花坛不要求精细的图案，而要求表达花卉盛开时壮丽的景观；立体花坛则要求植物材料与立体骨架很好地结合，表达出花坛的主题，因此要根据花坛的类型合理选择花卉材料。

▶ 佛甲草和四季秋海棠组成的立体花坛，"舞龙"的大福字立体造型，下面衬以竹叶花环图案，寓意祖国繁荣昌盛。

▼ 四季秋海棠装饰的一组伞亭，在仙客来花坛的衬托下，精致美观。

▲ 以五色草作花材制作的"大象一家"立体花坛，形态逼真，活泼生动。

▲ 彩叶草、四季秋海棠组成的祥云图案。

▲ 由五色草、一串红等组成的大型"宫灯"立体花坛，充分展现了中国特有的传统元素。

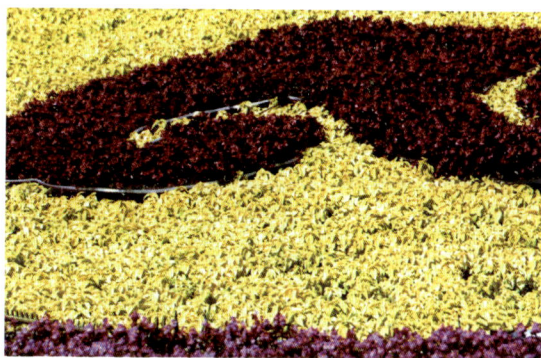

▲ 用一串红和小菊组成的立体花坛"乒乓球和球拍"，造型新颖，突出了奥运主题。

🌸 3. 按色彩设计选择

花坛是一种充分表现视觉色彩的艺术装饰手法。不同色相、明度及纯度的色彩，形成了极其丰富的色彩效果。花卉色彩还应根据环境特点、背景色调及所选用容器的色彩进行细致搭配。

▶ 山坡上，大片的红绿搭配的四季秋海棠，形成丰富的色彩效果。

▶ 绿色的草地上，红色的四季秋海棠和白色的银叶菊组成色彩艳丽的花丛式花坛。

▲ 四季秋海棠、一品红、小菊、彩叶草等组成的平面花坛及花塔，红绿、黄紫色彩对比鲜明。

▲ 浅色的铺装上，矮牵牛明快的浅紫色、深沉的蓝紫色，以及孔雀草鲜亮的橘黄色，充分表达了色彩的视觉艺术。

（二）各类花坛植物的选择

❀ 1. 花丛式花坛

　　花丛式花坛主要由观花的一、二年生花卉和球根花卉组成，开花繁茂的多年生花卉也可以使用。要求花材株丛紧密、整齐；花开繁茂，花色鲜明艳丽，花序呈平面开展，最好开花时见花不见叶，高矮一致；花期长且一致，表现盛花时群体的色彩美或绚丽的景观。带状花丛式花坛既可由单一品种组成，也可由不同品种组成图案或成段交替种植。较长的带状花坛可以分成数段，其中除使用草本花卉外，还可点缀木本植物。

▶ 粉色的雏菊花坛中，点缀着各色的矮牵牛，色彩明快，巧妙地装饰着林下的空间。

◀ 由矮牵牛、一串红、万寿菊等植物材料结合动物造型组成的街心花坛，使街道洋溢着活泼、热烈的气氛。

◀ 万寿菊、矮牵牛等组成的花坛，色彩艳丽夺目。

❀ 2. 模纹式花坛

主要用低矮的观叶植物组成精美复杂的装饰图案，宜选择植株低矮，分枝密，发枝强，耐修剪，枝叶细小为宜，最好高度低于10 cm。花坛表面修剪平整呈细致的平面或和缓曲面。五色草因低矮、枝叶细密、耐修剪而成为毛毡花坛最理想的构成材料。花期长的四季秋海棠、凤仙类也是很好的选材。低矮、整齐的其他观叶植物或花小而密、花期长而一致的低矮观花植物也可用于此类花坛，如矮一串红、孔雀草、雏菊、景天类、细叶百日草、阔叶半枝莲等。

▲ 立体的五色草花坛"脸谱"，将京剧的花脸图案，表现得非常精美。

◀ 由五色草组成的"鲤鱼"立体花坛，充分展现了模纹花坛精美复杂的图案。

▲ 紫叶小檗、大叶黄杨和金叶女贞是北方最常用的做模纹花坛的木本花材。

▲ 万寿菊、彩叶草和鸡冠花的配置，形成一个盛开花朵的模纹图案。

▲ 细密整齐的观叶植物也可以修剪出模纹花坛的效果。

▲ 一组五色草制作的"喜羊羊"造型，形象逼真，小巧可爱。

◀ 常州花博会黑龙江园中，五色草制作的立体花坛"索非亚教堂"，形象大气，精美细致，充分展现了制作五色草花坛的精湛技术。

◀ 平面的五色草花坛"福"，展现了模纹花坛的精致、细腻。

3. 立体花坛

花卉立体装饰的形式多种多样，所要达到的装饰效果受花材的影响很大。以卡盆为单位组成的大型花柱、模纹立体花坛、标牌式立面装饰，都强调既要突出细部的结构，又要展示整体的设计效果，选用花材就要选择株型矮小、分枝繁多、枝叶茂密、花径小而花量较大，且开花时间长的种类。而对于大型花钵，如果钵型独特优雅，可选用直立型花材；对于需要加以掩盖的花钵，则在边缘种植垂蔓性的花材；花球、吊篮也多用瀑布型花材来达到遮盖容器、突出整体的效果。

▲ 白色和紫色的矮牵牛花桥，色彩清新，造型别致。

▲ 卧茎景天组成的"小马"立体花坛，形象生动可爱。

▼ 五色草"大象"立体花坛，形象逼真。

▲ 五色草（小叶绿）表现的"柔道比赛"立体花坛。

▲ 四季秋海棠、小菊组成的"花鼓"立体花坛，小巧可爱。

◀ 五色草立体花坛"宝塔"，高大雄伟。

4. 适合作花坛中心的植物材料

多数情况下，独立花坛，尤其是高台花坛常用株型圆润、花叶美丽或姿态规整的植物作为中心。常用的有棕榈、蒲葵、橡皮树、大叶黄杨、加那利海枣、棕竹、苏铁、散尾葵等观叶植物或叶子花、含笑、石榴等观花或观果植物，作为造型中心。

▶ 花叶的彩叶草簇拥着中心的亮叶朱蕉，色彩灿烂，层次分明。

◀ 长药景天围合的花坛，以美人蕉作中心。

◀ 圆形小花池内，金边龙舌兰围绕着中心的苏铁，形成一个清雅的花坛景观。

🎏 5．适合作花坛边缘的植物材料

花坛镶边植物材料与用于花缘的植物材料具有同样的要求，低矮，株丛紧密，开花繁茂或枝叶美丽可赏，稍微匍匐或下垂更佳，尤其是盆栽花卉花坛，下垂的镶边植物可以遮挡容器，保证花坛的整体性和美观，如半支莲、雏菊、三色堇、吊竹梅、垂盆草、香雪球、银叶菊等。

城市绿化花坛不仅千姿百态，色彩缤纷，而且拉近了人与自然的距离，美化了城市环境。随着城市园林绿化业的发展，花坛在园林绿地中显示其越来越重要的作用。

▶ 由彩叶草、小菊组成的花台，用垂盆草做镶边，遮挡台壁。

▲ 美丽的花毛茛花坛，以三色堇作镶边，展现了早春花卉的明艳。

五 花坛植物应用实例

（一）北京节日花坛

北京是我们伟大祖国的首都，在各个方面都起着引领的作用，尤其在园林花卉的应用，花坛制作和应用方面更是独具风格。自改革开放以来，每年的金秋十月，国庆节期间，北京的重要场所和街道鲜花遍地，多彩纷呈，天安门广场及长安街两侧都是节庆花坛布置的重点地段。

花卉本身色彩鲜艳，姿态万千，不仅能够很好地烘托节日欢乐的气氛，还能够通过花坛的表现来反映我国当年在经济、社会发展的新特点和大事记。园林部门的能工巧匠们，每年都在国庆期间奉献出一个个精美的立体花坛，并通过花坛展现我们国家新时代发展的历程。

自1998年开始，北京每年国庆节或重大节日都要在天安门广场及其周围进行摆花布景，至今已经走过了20多个年头。在这20多年的发展中，北京的节日花坛在规模、材料种类、形式、花坛制作技术和主题创新方面都发生了很大的变化。

▲ 1988年北京天安门广场，由五色草等花材组成的第十一届亚运会吉祥物"盼盼"立体花坛，做工精美，憨态可鞠。

▲ 1988年北京天安门广场，由五色草等花材组成的第十一届亚运会吉祥物"丰丰"立体花坛，造型精致，色彩简洁。

　　北京的节日花坛，不仅仅是包括天安门广场，整个长安街重要的路口，建筑物前都会有鲜花花坛装扮，如王府井、东单、西单、建国门、复兴门、军事博物馆、奥体公园等处，都是花卉装饰的重点地段。在国庆60周年期间，有22处立体花坛扮靓北京长安街，面积达10万余平方米，长安街沿线四惠至首钢东门共有330万株鲜花装扮，而全北京市布置各类花卉共达4000万盆。

　　首都大型节日花坛的发展已有30多年的历史，园林工作者在花坛的制作、花卉材料的应用上都取得了非常大的成就，得到了各级领导和广大市民的好评，在国际上也颇有影响，希望我们的园林工作者能够再接再厉，把我们的祖国首都装扮得更加美丽！

▶ 2008年北京复兴门，由五色草组成的两个高低错落，红绿相映的立体花坛，用镂雕工艺，雕刻出的"龙"字，寓意中国人是龙的传人。

▼ 2005年北京天安门前，由一串红、小菊、黄杨球、树篱等组成的花带，色彩鲜明，构图富有变化。

▲ 2009年北京奥林匹克公园水立方，由四季秋海棠组成的"祥云彩球"立体花坛，以祥云图案为基本元素，五个彩球与奥运五环相得益彰。

▶ 2012年北京西单，由四季秋海棠为主花材，以10年来我国经济总量增长柱状图为内容的"绿色发展"立体花坛，反映了我国以经济建设为中心，坚持改革开放取得的举世瞩目的伟大成就。

▶ 2013年北京东单，由彩叶草、小菊、四季秋海棠、非洲凤仙、五色草等组成的"希望的田野"大型立体花坛。花坛以优美的田园风光画卷为主景，表达了我国人民对实现"中国梦"的美好憧憬。

▶ 2017年北京建国门，矾根、五色草、四季秋海棠等组成的立体花坛，以冬奥会及多项体育运动为主景，寓意发展全民健身运动，努力建设健康中国。

▶ 2017年北京西单，花坛以五色草、重瓣叶子花、矾根等展示的立体花坛，反映了老、中、青三代人的生活场景，人物生动，构思巧妙，寓意人民生活幸福美好。

▲ 2013年北京建国门，由非洲凤仙、小菊组成的"勇往直前"立体花坛，通过嘹亮号角，飘扬旗帜，号召中华儿女承前启后，继往开来，继续朝着中华民族伟大复兴的目标奋勇前进。

▲ 北京东单，银叶菊、五色草组成了憨态可掬的大熊猫，金叶佛甲草组成的白鳍豚，以及三峡大坝，黄鹤楼、东方明珠塔等景观展示的综合花坛，描绘了长江经济带优先、绿色发展等美好蓝图。

▼ 北京复兴门，花坛以金叶佛甲草、五色草和四季秋海棠组成的复兴号高铁为主景，寓意了在中国共产党领导下，为实现中华民族伟大复兴的中国梦而不懈奋斗。

▶ 花坛以不同肤色的小朋友为主景，以四季秋海棠、小菊、小叶绿等组成的地球为背景，寓意世界各国人民共同发展，携手前行，努力构建人类命运共同体。

▶ 以四季秋海棠制作的石榴，配以苹果、桃、柿子，喻示着中华民族的团结兴盛。

▶ 花坛以大雁塔为主景，骆驼、丝路飘带等为素材，展现了人类文明互鉴，文化繁荣发展的美好未来。

（二）奥运花坛

2008 年，第 29 届奥运会和第 13 届残奥会在我国首都北京举行，终于圆了亿万中华儿女的奥运之梦。

在奥运会申办成功至奥运会圆满结束的近 10 年的时间里，人们不仅感受到了强大的"更快、更高、更强"奥林匹克精神，还在北京看到了一幕幕花卉的奥运盛会。北京的园林工作者，用多种精美花卉制作的各种立体花坛造型，为奥运会和残奥会营造了花团锦簇、热烈祥和的欢乐气氛，同时用鲜花为中国人民和世界人民架起了一座友谊、和谐的桥梁。这些奥运花坛的展示，更好地诠释了"绿色奥运、人文奥运、科技奥运"的理念，同时体现了北京奥运会"同一个世界，同一个梦想"的主题。

2001 年，北京申奥成功。由于当时北京 2008 年的奥运标志尚未设计出来，于是当年的国庆节，在天安门广场的东北角制作了"通向 2008"花坛。花坛以通向 2008 年的高速列车造型为主景，3 个支架托起大球寓意"众志成城"，大球周围环绕着运动剪影，表达了全国人民对北京成功举办 2008 年奥运盛会充满信心。之后的 2005—2008 年，北京节日花坛都是以喜迎奥运为主题。

▲ 2001 年北京天安门广场东侧，布置了"通向 2008"大型立体花坛。花坛以通向 2008 的高速列车为主景，三个支架托起的大球，寓意"众志成城"，周围环绕着运动剪影，表达了我国人民对北京举办 2008 奥运会充满信心。

　　2005 年国庆节，天安门广场东侧花坛题为"海纳百川万众一心共圆奥运梦"，从北向南依次为 2008 北京奥运会会徽"中国印"，奥运口号"同一个世界，同一个梦想"及五项球类的造型。

▲ 2005 年北京天安门广场东侧，由红、白两色四季秋海棠组成的"中国印·舞动北京"大型立体花坛，将肖像印、中国字和奥运五环有机结合起来，巧妙地幻化成一个向前奔跑，舞动着迎接胜利的人形，表达了北京欢迎世界各国朋友到来的热情。

2006年国庆期间,北京紫竹院公园内,以喜迎2008年奥运会为主题,布置了奥运"五环旗帜"、"奥运风帆"和"北京奥运吉祥物——福娃迎奥运"等立体花坛。

▼ 北京紫竹院公园,由非洲凤仙、四季秋海棠等花材组成的"奥运五环"图案立体花坛。

▲ 由各色非洲凤仙组成的"扬帆起航"立体花坛,象征2008年奥运会已扬帆起航。

▲ 由叶子花、非洲凤仙等装饰的艳丽花带上,奥运福娃正张开双臂,热情欢迎来自世界五大洲的朋友。

　　2007年国庆节，北京天安门广场中心的"万众一心"主题喷泉花坛的直径为60m，以"渊源共生、和谐共融"的祥云图案紧紧围绕在中心喷泉四周，寓意着"祥云"将北京奥运会吉祥、祥和的信息传到全世界。广场东侧画卷"同一个世界，同一个梦想"喜迎奥运盛会的立体花坛以2008年北京奥运火炬传递为内容，以雅典卫城、长城、火炬接力标志为主景，象征奥运火炬传递从奥运发祥地——雅典走向充满活力与希望的古都——北京。

▲ 由五色草组成的"长城"立体花坛前，一组组奥运健儿龙腾虎跃的英姿，展现出"同一个世界，同一个梦想"的奥运主题。

▲ 万众一心"主题喷泉花坛，以"渊源共生，和谐共荣"的祥云图案，紧紧围绕在中心喷泉四周，寓意了"祥云"将北京奥运吉祥、祥和的信息，传遍全世界。

　　2008 年，北京天安门广场东侧以"万象更新祖国前程更辉煌"为主题的花坛造景，表达了人们欢庆奥运圆满落幕、展望未来的喜悦心情。

▲ 以"万象更新祖国前程更辉煌"为主题的立体花坛。

　　2009 年在北京东单路口西南角的"奥运之光"花坛，以"鸟巢""水立方"造型及各种运动造型花坛，继续展现奥运精神。

▼ 以非洲凤仙、四季秋海棠等组成的"奥运之光"立体花坛。
以"鸟巢、"水立方"及各种运动造型，展现了我国人民决心
继续发扬奥运精神的坚强意志。

　　北京奥运会共设 35 个运动项目，这次历时多年的奥运花坛展示中，最为突出的就是利用五色草花坛将体育标识借用汉字篆书形象地表达出来，真可谓独具匠心，极富中国特色。

　　一场场激烈的竞技场面，力量与技巧完美结合的运动艺术，用花卉立体花坛这种充满人文精神的形式表现出一组组构图优美的运动造型，而且是在同一个城市，同一个时间段集中展示，堪称是一场无与伦比的花卉奥运会，充分表达了中国人民对奥林匹克运动的热爱，同时也展现了广大园林工作者巧妙的构思和为宣传奥运做出的突出贡献。

▲ 由非洲凤仙装饰的"举重"运动立体花坛造型。

◀ 由五色草（小叶绿）装饰的"田径"运动立体花坛造型。

▶　由四季秋海棠装饰的"游泳"运动立体花坛造型。

（三）2019 年中国北京世界园艺博览会

2019 年中国北京世界园艺博览会是最高级别（A1 级）的世界园艺博览会。展会自 2019 年 4 月 29 日至 10 月 7 日，在中国北京市延庆区举行。

北京世园会以"让园艺融入自然、让自然感动心灵"为理念，以"绿色生活美丽家园"为主题，以"世界园艺新境界、生态文明新典范"为目标，在园区内荟萃历届世园会精华，展现了世界各地的花卉园艺精品及丰富多彩的花卉景观。

▲ 五色苋、矾根等组成的浮雕式立体花坛应用，展现了 2019 年中国北京世界园艺博览会的景观特色。

◀ 一幅微缩版的立体花坛，象征着三江源壮美画卷在北京世园会徐徐展开。

◀ 一层层梯田般的蓝紫色花带，形成了一片梦幻的花海。

▶ 选取祈年殿、故宫角楼、古观象台等特色建筑剪影，配以四季秋海棠等组成的彩虹、牡丹等景观元素勾勒出"云中古韵、魅力东城"的典雅之美。

▶ 夜景下的立体花坛，似仙台楼阁般如梦如幻。

▼ 花坛以"科教引领、文旅融合"为主题，科技感十足。

▲ 北京园沿水岸西侧拾级而上，呈现岩石园风貌的"碧峰花影"，湖边错落有致的山石中点缀着盛开的矮牵牛、火炬花，与山顶古典风格的八角凉亭相映衬，展示出北京恢宏大气的园林风格。

◀ 北京园入口，粉色的矮牵牛和白色的银叶菊组成线型优美的带状花坛，与园路相互协调，色彩柔和，景色优美。

◀ 多色的矮牵牛、舞春花、三色堇、鼠尾草、天竺葵等多种花卉，组成了世园会春意盎然的景色。

▼ 运用古典的框景造园手法欣赏花坛，犹如一幅优美的画卷。

▲ 花叶蔓长春、南非万寿菊、八仙花等点缀在花园中，犹如人间仙境。

▼ 以"老城深处百花香"为主题，以老北京四合院建筑群为主景，绘制出北京城的古典和艺术。

▲ 一层层粉色的香雪球、红色美女樱、蓝色的一串蓝，犹如彩色的花田，与草编的耕牛雕塑组成了一幅美丽的春耕图。

▲ 淡雅芳香的香雪球，组成了一条条花带，犹如彩虹飞舞。

◀ 由各色矾根、苔草、矮牵牛、常春藤等制作的花墙，犹如一面彩色的屏风，与高低错落的盆花一起，展现了人们生活的美好。

▼ 世博园中国馆前，大片的金盏菊、三色堇组成一幅灿烂的春光图。

六 常见花坛植物

- 一、二年生花坛植物
- 宿根花坛植物
- 球根花坛植物
- 木本花坛植物

1 地 肤 *Kochia scoparia*

科属 藜科 地肤属　　　　**别名** 扫帚苗 扫帚菜

形态特征 一年生草本，株高 50～100 cm。茎直立，多斜向上分枝成扫帚状，淡绿色，秋季全株成紫红色。叶互生，叶片披针形或条状披针形，先端短渐尖，基部狭，楔形，具短柄。茎上部叶较小，无柄。花两性或雌性，通常 1～3 朵生于上部叶腋，组成疏散穗状圆锥花序，花淡绿色。胞果扁球形。花期 6～9 月；果期 7～10 月。

生态习性 原产于亚洲中南部及欧洲。我国各地均有栽培。地肤适应性较强，喜光，喜温暖，不耐寒，耐旱；对土壤要求不严格，较耐碱性土壤。

繁殖方法 播种繁殖。

🪣 欣赏应用

地肤植株呈球形生长，枝叶秀丽，外形如小型千头柏，叶形纤细，株形优美，春夏嫩绿，入秋泛红，观赏效果极佳，是优良的花坛植物材料。通过修剪造型，如几何图案、组字等形成模纹花坛；还可种植于道路两旁、走廊两侧栽培观赏。

▲ 植株(秋色)　　　▲ 花坛配置景观

▲ 植株

▲ 花坛景观

2 雁 来 红 *Amaranthus tricolor*

科属　苋科　苋属　　　**别名**　老来少　三色苋　老来娇

形态特征　一年生草本，株高 60～100 cm。茎直立，粗壮，绿色或红色，分枝少。叶互生，叶片卵状椭圆形至披针形，除绿色外，常呈红、紫、黄或杂有其他颜色，顶生叶鲜红。花小，多数花单性或杂性，密集成簇腋生或在茎顶形成下垂的穗状花序。胞果卵圆形。花期 5～8 月；果期 7～9 月。

生态习性　原产于亚洲热带地区，我国各地普遍栽培。喜湿润向阳及通风良好的环境，不耐寒；对土壤要求不严，但喜肥沃且排水良好土壤。

繁殖方法　播种、扦插繁殖。

🪣 **欣赏应用**

雁来红色彩艳丽，顶生叶尤为鲜红耀眼，是优良的观叶植物。适合作花坛、花境等，也可盆栽观赏。

◀ 花序枝

植株 ▶

▲ 花带配置景观

叶枝 ◀

3 | 鸡 冠 花 *Celosia cristata*

科属 苋科 青箱属　　　**别名** 鸡公苋 红鸡冠

形态特征 一年生草本，株高 40 ~ 100 cm，栽培高度 20 ~ 50 cm。茎直立，粗壮。叶互生，叶片卵形至卵状披针形，全缘。花两性，多数，密生成扁平肉质鸡冠状、卷冠状或羽毛状的穗状花序，花有红、紫、黄、淡红等色。胞果卵形。花期 7 ~ 12 月。

生态习性 原产于印度。我国各地均有栽培。喜光，喜温暖干燥气候，不耐寒；喜疏松、肥沃、排水良好的沙质土壤。

繁殖方法 播种繁殖。

花　絮 [宋] · 赵企《咏鸡冠花》："秋光及物眼犹迷，着叶婆娑似碧鸡。精彩十分伴欲动，五更只欠一声啼"。

花语为坚贞的爱情，永不变的恋情，痴情。

▲ 花色

▲ 花丛式花坛景观

◀ 花序枝

▲ 植株

▲ 花丛式花坛景观

🪣 欣赏应用

鸡冠花花色艳丽，花期长，是优良的草本花卉。广泛用于庭院、公园、风景区、绿地的路边、花坛、花境栽培观赏；也可盆栽或作切花材料。

▲ 花丛式花坛景观

▲ 模纹式花坛配置景观

4 | 小叶绿 *Alternanthera bettzickinana*

科属 苋科 虾钳菜属   **别名** 绿草

形态特征 多年生草本，常作一年生栽培，株高 10～15 cm。叶对生，叶片匙状披针形，稍卷曲，叶鲜嫩绿，常见黄色斑。花白灰色，极小如棉絮状。

生态习性 原产于中南美洲。我国各地广泛栽培。性强健，喜光，耐旱，耐修剪。

繁殖方法 扦插、分株繁殖。

欣赏应用

小叶绿性强健，叶色美观，耐修剪，是模纹花坛和立体花坛优良材料，也适合作地被和镶边材料。

▲ 立体花坛景观

▲ 立体花坛景观

▲ 立体花坛景观

◀ 植株

5 小叶红 *Alternanthera bettzickinana* 'Picta'

科属 苋科　虾钳菜属

形态特征 多年生草本，常作一年生栽培，株高10～15 cm。叶对生，叶片匙状长披针形，叶面常具橙、粉红、玫瑰红斑，初秋呈红、黄、橙相间，秋凉后老叶转为紫红色。花小，生于叶腋，灰白色。

生态习性 原产于中南美洲。我国各地广泛栽培。性强健，耐修剪；喜全日照或半日照，喜湿润；不择土壤。

繁殖方法 扦插、分株繁殖。

欣赏应用

小叶红植株整齐耐修剪。常与小叶绿一起，是模纹花坛和立体花坛优良材料。

▲ 立体花坛景观

▲ 立体花坛景观

▲ 植株

▲ 模纹式花坛景观

6 | 千日红 *Gomphrena globosa*

科属 苋科 千日红属　　　　**别名** 火球花 千年红

形态特征　一年生草本，株高 30～60 cm。茎直立，具分枝。叶对生，纸质，叶片长椭圆形或圆状倒卵形。头状花序球形，花小而密生，每小花具 2 枚膜质发亮的小苞片，紫红、粉红、橙色或白色，为主要观赏部位。胞果近球形。花期 7～10 月。

生态习性　原产于美洲热带地区。我国各地广泛栽培。喜阳光充足，喜温暖、干燥，不耐寒；适宜在疏松、肥沃的土壤生长。

繁殖方法　播种繁殖。

花　絮　相传，在美丽的大海边，有一对真心相爱的恋人。有一天海里突然出现一条三头海蟒，勇敢的小伙子挺身而出，带领渔民们去除掉这个恶魔。小伙子离开了很久，姑娘以为他已经死了，结果郁郁而终，人们把她葬在了海边。之后，她的坟上开出了一丛不知名的红花，就在这花开放满 100 天的时候，小伙子回来了，他悔恨不已大哭起来，那整整开了 100 天的花也一瓣一瓣地凋零了。从那以后，人们就将这种开过百日才败的花称为"百日红"，又称"千日红"。

🪴 欣赏应用

千日红植株低矮，繁花似锦，花期长，适宜花坛、花境、花钵栽培；也可作切花、干花等。

▲ 带状花坛景观

◀ 花序枝

▲ 植株　　　　　　　　　　　　　　　　▲ 花色

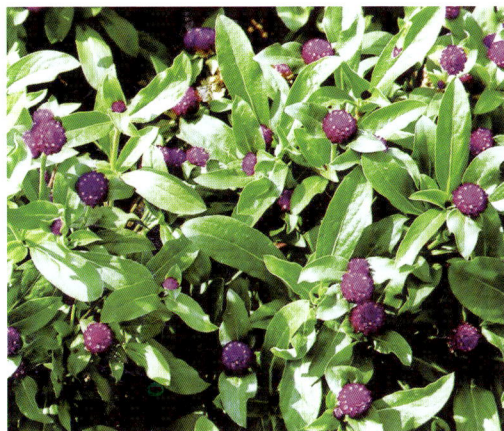

▲ 叶枝　　　　　　　　　　　　　　　　▲ 花色

一、二年生花坛植物

▲ 花丛式花坛景观

7 | 半支莲 *Portulaca grandiflora*

科属 马齿苋科 马齿苋属   **别名** 太阳花 死不了 大花马齿苋

形态特征   一年生肉质草本，株高 10～15 cm。植株低矮，茎细圆，平卧或斜生，节上有毛。叶互生或散生，短圆柱形，基部被长柔毛。花单生或数朵簇生顶端，基部有叶状苞片，花有红、紫、粉、橘黄、黄、白等色，并有单瓣、重瓣品种。蒴果。花期 7～8 月。

生态习性   原产于巴西。我国较普遍栽培。喜温暖、光照充足、干燥；不择土壤，极耐干旱瘠薄。

繁殖方法   播种、扦插繁殖。

花　　絮   《酉阳杂俎》中有这样一段故事：南北朝时期，豫州有几个官吏在一起赌博，有一个赌输了，把所有的钱都拿出来还不够，就去采半支莲的花凑数，而那个赢钱的官吏也真的把花当成了钱。"得花胜过钱"，所以有诗云："能买三秋景，难供九府输。"

卢肇《金钱花》："轮郭休夸四字书，红窠写出对庭除。时时买得佳人笑，本色金钱却不如"。

半支莲古时称"金钱花"。

🪣 欣赏应用

半支莲植株低矮，花色丰富，适应性强，是常见的庭园花卉。适宜布置夏季花坛；用于岩石园、草坪边缘或路旁丛植，也可盆栽观赏。

▲ 花色

▼ 花枝

▲ 植株

▲ 带状花坛景观

▲ 花色

▲ 花丛式花坛景观

8 石 竹 *Dianthus chinensis*

科属 石竹科 石竹属   **别名** 洛阳花 中国石竹

形态特征 多年生草本，常作一、二年生栽培，株高 30～50 cm。茎细弱，多分枝。叶对生，叶片条形或线状披针形。花单生或数朵簇生于茎顶，形成聚伞花序，花有大红、粉红、紫红等色，微具香气。蒴果。花期 5～9 月；果期 6～10 月。

生态习性 原产于我国北方地区，各地普遍栽培。耐寒、耐旱，不耐酷热；喜凉爽、湿润和阳光充足环境；要求肥沃、疏松、排水良好及含石灰质的壤土。

繁殖方法 播种、扦插、分株繁殖。

花 絮 传说，东汉时期洛阳城外的邙山里，有个美丽贤惠的媳妇，名叫石花，她很喜爱竹子，因不从强盗的凌辱，用剪刀自尽。后来，在鲜血淌过的地方，长出了像竹子的枝叶、鲜血般深红的花朵。皇帝刘秀听说后，派人带回花株种在御花园里，并赐名"石竹"，封石花的丈夫为洛阳太守。洛阳家家户户都种石竹，所以石竹故有"洛阳花"之称。

[唐]·司空曙《云阳寺石竹花》："一自幽山别，相逢此寺中。高低俱出叶，深浅不分丛。野蝶难争白，庭榴暗让红。谁怜芳最久，春露到秋风"。作者以悠闲的心情描绘出石竹的形态，以蝶、榴显示出对石竹的重视。

花语为友谊，谦逊，真情，天真，纯洁的爱。

▲ 花丛式花坛配置景观   ◀ 花枝

▲ 花色

🪴 **欣赏应用**

石竹花朵秀丽,为我国著名的庭园花卉之一。多用于布置花坛、花境;也可用于岩石园和草坪边缘点缀。

▲ 植株

▲ 花丛式花坛景观

9 | 须苞石竹 *Dianthus barbatus*

科属 石竹科 石竹属　　　　**别名** 五彩石竹　美国石竹

形态特征 多年生草本，常作二年生栽培，株高 30～50 cm。茎直立，丛生，粗壮，少分枝。叶对生，叶片宽披针形。花小而多，密集成聚伞花序，花有紫红、大红、粉红、白等单色或环纹状复色，微具香气。蒴果。花期 5～6 月。

生态习性 原产于欧洲。我国各地广泛栽培。喜阳光充足、高燥、通风、凉爽的环境；耐寒，耐干旱，忌水涝；喜排水良好、肥沃沙质壤土。

繁殖方法 播种、扦插繁殖。

欣赏应用

须苞石竹芳香淡雅，花色丰富，常用于布置花坛、花境、岩石园；也可作切花材料。

▲ 植株

▲ 花丛式花坛景观　　　　　　　　　◀ 花序枝　　◀ 花色

10　虞美人　*Papaver rhoeas*

科属　罂粟科　罂粟属　　**别名**　丽春花

形态特征　一年生草本，株高 40～70 cm，全株被绒毛。叶互生，羽状深裂。叶片披针形，边缘具锯齿。花单生于长梗上，有红、紫、粉、白等色，并有复色、镶边和斑点，还有重瓣品种。花期 5～6 月。

生态习性　原产于欧洲、亚洲及北美洲。我国各地广泛栽培。喜光照充足、高燥通风，较耐寒；适宜排水良好的土壤，忌湿热过肥之地。

繁殖方法　播种繁殖。

花　絮　传说，公元前 200 多年秦朝灭亡，楚汉相争，楚王项羽兵败。项羽欲突围，却舍不得美人虞姬。于是饮酒慷慨悲歌："力拔山兮气盖世。时不利兮骓不逝。骓不逝兮可奈何！虞兮虞兮奈若何！"虞姬道："汉兵已略地，四面楚歌声。大王意气尽，贱妾何聊生！"说罢从项羽腰间拔剑自刎。后来从虞姬血染之地，长出一种鲜红的花，人们就将这种美丽的花叫作"虞美人"。

　　花语为生死相随、安慰，顺从，安逸，愿望，平安。虞美人为比利时国花。

🪴 **欣赏应用**

虞美人多彩多姿、轻盈秀丽，适用于花坛、花境栽植，也可盆栽观赏。

▲ 植株

▲ 花丛式花坛景观

◀ 花朵

11　醉蝶花　*Cleome spinosa*

科属　白花菜科　醉蝶花属　　　**别名**　西洋白花菜　紫龙须　蜘蛛花

形态特征　一年生草本，株高 60～100 cm。茎直立，有强烈臭味和黏质腺毛。叶互生，掌状复叶，小叶 5～7 枚，长椭圆状披针形，全缘，两枚托叶演变成钩刺。总状花序顶生，边开花边伸长，花多数，花瓣 4 枚，有粉红、淡紫、白色等。蒴果细圆柱形。花期 7～8 月；果期 8～9 月。

生态习性　原产于南美洲。我国各地均有栽培。性强健，喜阳光充足，稍耐半阴；喜温暖通风，耐热不耐寒；适宜富含腐殖质、排水良好的沙壤土。

繁殖方法　播种繁殖。

欣赏应用

醉蝶花花型奇特，颇为美丽，适宜布置花坛、花境或在路边、林缘成片栽植，也可作切花插瓶观赏。

▲ 植株

▼ 带状花坛配置景观

◀ 花序枝

12 羽衣甘蓝 *Brassica oleracea* var. *acephala*

科属 十字花科　芸薹属　　**别名** 叶牡丹　花菜

形态特征 二年生草本，株高 30～40 cm，抽薹开花时可达 120 cm。叶片宽大肥厚，匙形，被白粉，外部叶片呈粉、蓝、绿色，内叶叶色极为丰富。总状花序，花黄白色。花期 4～5 月；果期 5～6 月。

生态习性 原产于欧洲。我国各地均有栽培。喜光，喜冷凉、湿润气候；适宜疏松、肥沃土壤。

繁殖方法 播种繁殖。

花　絮 羽衣甘蓝与竹子一样，是日本人过年时所不可或缺的植物装饰品，代表"吉祥如意""富贵圆满"的意味。他们多半将它装饰于玄关壁龛上，布置于大门口，或者切下来插于水盘中，视为珍贵的饰品。这也是花语"祝福""利益"的由来。

花语为祝福，利益，吉祥如意，富贵圆满。

🚿 欣赏应用

羽衣甘蓝叶色丰富，是优良的观叶花卉。多用于布置秋、冬季花坛、花境；也可盆栽观赏。

▲ 花丛式花坛景观

▲ 花丛式花坛景观　　◀ 植株

13 | 香雪球 *Lobularia maritima*

科属 十字花科 香雪球属　　　**别名** 小白花

形态特征 多年生草本，常作一、二年生栽培，株高 15～30 cm。植株矮小，分枝多而匍匐生长。叶片条形或披针形。总状花序顶生，花朵密生，花瓣淡紫色或白色。短角果椭圆形。花期 3～6 月。

生态习性 原产于地中海沿岸。我国各地有栽培。性强健，喜冷凉，稍耐寒；喜光，也稍耐阴；对土壤要求不严，耐干旱瘠薄。

繁殖方法 播种、扦插繁殖。

欣赏应用

香雪球植株低矮，花繁密清香。是花坛、花境的优良镶边材料，也可盆栽观赏。

▲ 丛植景观

▲ 花丛式花坛景观　　　◀ 植株　　　◀ 花序枝

14 旱 金 莲 *Tropaeolum majus*

科属 旱金莲科　旱金莲属　　　**别名** 旱荷

形态特征　一年生攀缘状肉质草本，株高 30～70 cm。叶互生，叶片近圆形，具长柄。花单生叶腋，花有紫红、橘红、乳黄等色。瘦果。花期 6～10 月；果期 7～11 月。

生态习性　原产于南美秘鲁、巴西等地。我国较普遍栽培。喜阳光充足，稍耐阴；喜凉爽，稍耐寒；适宜肥沃、排水良好的土壤。

繁殖方法　播种、扦插繁殖。

花　　絮　花语为爱国心，战利品，战胜纪念。

🪣 **欣赏应用**

旱金莲茎叶优美，乳黄色花朵盛开时如蝴蝶飞舞。可作花坛、立体花球、地被等，也可盆栽观赏。

▲ 植株

▲ 花带镶边景观

◀ 果枝

◀ 花枝

15 ｜ 凤 仙 花　*Impatiens balsamina*

科属　凤仙花科　凤仙花属　　　　**别名**　指甲花　小桃红　金凤花

形态特征　一年生草本，株高 40～80 cm。茎粗壮，直立，肉质。叶互生，叶片披针形，先端渐尖，基部狭楔形，边缘有锐锯齿。花单生或数朵簇生于叶腋，花大，有红、白、粉、紫、雪青等色，花型有单瓣或重瓣等。蒴果宽纺锤形。花期 7～9 月；果期 8～10 月。

生态习性　原产于中国、印度、马来西亚。我国华北地区广泛栽培。性强健，喜温暖、炎热，不耐寒；对土壤要求不严，喜湿润、排水良好的土壤。

繁殖方法　播种繁殖。

花　　絮　相传，伏牛山上住着一位姑娘叫凤仙，她与老母亲相依为命，靠打柴度日。一天她打柴时被树枝划破了手，疼痛难忍，几天后手指甲红肿变黑，昏迷中看见一个仙女对她说："西边紫云峰上有一种仙草，是凤凰从蓬莱山上嗛来的，它能治好你的指甲。"醒来后姑娘去紫云山，找到了这种仙草，带回家栽在院子里，用其嫩枝叶熬水洗手，把鲜花捣烂敷在指甲上，几天后红肿消退，指甲恢复了正常。从此，人们就把这种仙草叫凤仙花。

▲ 植株

🪴 **欣赏应用**

凤仙花花朵美丽，花期长，是我国常见的庭院花卉。适宜作花境、花丛等栽培观赏。

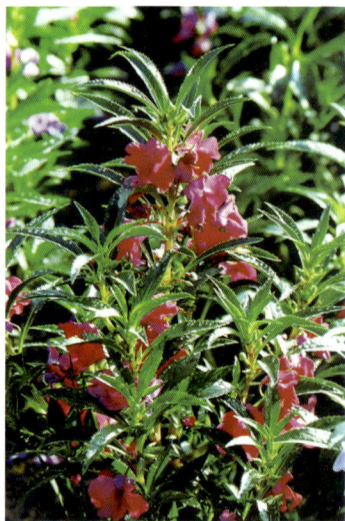

▲ 花丛式花坛景观

◀ 花枝

16 非洲凤仙 *Impatiens walleriana*

科属 凤仙花科 凤仙花属

形态特征 多年生草本，常作一年生栽培，株高 20～40 cm。茎多汁，光滑，节间膨大，多分枝，在株顶呈平面开展。叶片卵形，边缘钝锯齿状，叶有长柄。花腋生，1～3 朵，花形扁平，花色丰富，四季开花。

生态习性 原产于非洲东部热带地区。我国各地有栽培。喜温暖、湿润和阳光充足的环境，不耐高温和烈日暴晒，对水分要求比较严格；幼苗期必须保持盆土湿润，切忌脱水和干旱；适宜疏松、肥沃和排水良好的腐叶土或泥炭土。

繁殖方法 播种繁殖。

🪴 欣赏应用

非洲凤仙茎秆透明，繁花满株，色彩绚丽，全年开花不断，具备优良的观赏特性。在欧美的草本花卉应用中，非洲凤仙花排第一位。适宜布置花坛、花带、花槽和配置景点，也可盆栽观赏。

▲ 立体花坛景观

▶ 花枝

▲ 立体花坛景观

◀ 植株

一、二年生花坛植物

17 三色堇 *Viola tricolor*

科属 堇菜科 堇菜属   **别名** 蝴蝶花 猫脸花 鬼脸花

形态特征 多年生草本，常作二年生栽培，株高 15～30 cm。株丛低矮，多分枝。叶互生，基生叶具长柄，叶片近心形；茎生叶矩圆状卵圆形或宽披针形。花单生于叶腋，花有紫、红、蓝、粉、黄、白和双色等。蒴果。花期 4～7 月；果期 5～8 月。

生态习性 原产于欧洲北部。我国各地普遍栽培。喜凉爽气候，较耐寒，略耐半阴；适宜富含腐殖质、湿润的沙质土壤。

繁殖方法 播种繁殖。

花　絮 传说，爱神丘比特有一次射箭时，箭矢因风向偏离了目标，射中了纯白色的堇花。受了伤的堇花疼痛得泪流满面且淌了许多血，当血泪干了以后，伤口处即变成了蓝、黄、白三色，人们就称其为"三色堇"。

　　花语为思念，沉思，请想念我，活泼的心。

🪣 欣赏应用

三色堇株型低矮，花色丰富。多用于布置花坛、花境，也可盆栽观赏。

▲ 植株

▲ 花枝

▲ 花色

▲ 花色

▲ 时钟花坛景观

18 洋桔梗 *Eustoma russellianum*

科属 龙胆科 草原龙胆属　　　　**别名** 土耳其桔梗 大花桔梗

形态特征 多年生草本，常作一、二年生栽培，株高 20～70 cm。茎直立，多分枝，光滑。叶对生，叶片卵形，先端尖，中脉明显。花单生枝顶或上部叶腋，花钟状，先端稍反卷，花有红、粉红、紫、淡紫、白、黄、镶边等色，并有单、重瓣之分。花期 5～10 月。

生态习性 原产于墨西哥。我国有栽培。喜温暖、湿润，不耐寒，忌高温多湿；喜排水良好、肥沃、富含有机质的壤土。

繁殖方法 播种繁殖。

🪣 欣赏应用

洋桔梗花枝挺拔，花大美丽，花期长。特别适合盆栽观赏，也可用来布置花坛、花境，还是优良的插花材料。

▲ 植株

▲ 花带配置景观　　　　　　　◀ 花枝　　◀ 花色

19 长春花 *Catharanthus roseus*

科属	夹竹桃科 长春花属	别名	日日春 日日新 日日草

形态特征 多年生草本，常作一、二年生栽培，株高 20～50 cm。叶对生，叶片倒卵状矩圆形，全缘或微波状。花 2～3 朵成聚伞花序顶生或腋生，高脚碟状，花有粉红、紫红或白色。蓇葖果双生。花期 7～9 月；果期 9～10 月。

生态习性 原产于非洲东部及美洲热带地区。我国多有栽培。喜温暖，不耐寒；喜阳光充足，也耐半阴；喜高燥，忌水涝，不择土壤。

繁殖方法 播种、扦插繁殖。

花 絮 ［宋］·洪适《长春花》诗："四季花长发，朝朝得细看。绛英能受暑，绿刺更禁寒。"

花语为美丽的回忆，愉快的回忆，年轻人的友谊。

🪣 **欣赏应用**

长春花花期长，色泽明快。适宜布置花坛、花境或成片栽植，也可盆栽观赏。

▲ 花色

▲ 花枝

▲ 植株

▲ 花丛式花坛景观

20 | 金叶番薯 *Ipomoea batatas* 'Tainon'

科属 旋花科 番薯属

形态特征 多年生草本，常作一年生栽培。匍匐生长。叶呈心形或不规则卵形，金黄色。聚伞花序腋生，呈钟状或漏斗状，花冠淡粉色。蒴果。花期秋季。

生态习性 栽培种。我国各地广泛栽培。性强健，喜光，稍耐阴；适宜湿润、疏松、排水良好的沙质土壤。

繁殖方法 扦插繁殖。

欣赏应用

金叶番薯叶色金黄，极为明艳，为优良的彩叶植物。可植于花坛、路边或坡地作为地被材料，也可盆栽悬吊或作垂直绿化材料。

叶片 ▶

▲ 带状花坛景观

▲ 花带配置景观

▲ 立体花坛景观

◀ 植株

21 | 美女樱 *Verbena hybrida*

科属 马鞭草科 马鞭草属   **别名** 草五色梅 铺地马鞭草 美人樱

形态特征 多年生草本，常作一、二年生栽培，株高 15～50 cm。茎四棱形、丛生匍匐地面。叶对生，叶片长圆形或披针状三角形。穗状花序顶生，花小而密集，花有白、粉红、深红、紫、蓝等色，略具芳香。花期 5～11 月。

生态习性 原产于北美洲热带。我国各地均有引种栽培。喜温暖、湿润、阳光充足，有一定的耐寒性；适宜疏松、肥沃的土壤。

繁殖方法 扦插、分株、播种繁殖。

花　絮 花语为家和万事兴，同心协力。白色：请为我鼓舞信心；红色：团结一致；粉红：一团和气；

▲ 植株

▲ 花序枝

🪣 **欣赏应用**

美女樱姿态优美，花繁色艳，盛开时如花海一样，令人流连忘返。它是夏、秋季花坛、花境用花材料，也可作地被植物栽培。

▲ 花丛式花坛景观

22 ｜ 细叶美女樱　*Verbena tenera*

科属　马鞭草科　马鞭草属

形态特征　多年生草本，常作一年生栽培，株高 20～40 cm。茎枝丛生，倾卧铺散。叶对生，2 回羽状深裂或全裂，叶片狭线形。穗状花序顶生，花冠蓝紫、红粉或白色。花期 5～10 月。

生态习性　原产于巴西、秘鲁和乌拉圭。我国有栽培。喜温暖湿润，阳光充足，有一定的耐寒性；对土壤要求不严，适宜湿润、疏松、肥沃的土壤。

繁殖方法　扦插、压条、分株、播种繁殖。

🪣 欣赏应用

细叶美女樱叶形细美，花姿秀雅，适合花坛、路边、花境或山石边栽培观赏，也常作盆栽观赏。

植株 ▶

▲ 花序枝

▲ 花丛式花坛景观

23 彩叶草 *Coleus blumei*

科属 唇形科 鞘蕊花属　　**别名** 五彩苏 锦紫苏 彩叶苋

形态特征 多年生草本，常作一、二年生栽培，株高 30～90 cm。茎四棱形，基部木质化，全株被毛。单叶对生，叶片卵圆形，先端长渐尖，缘具钝锯齿，叶面绿色，有淡黄、桃红、朱红、紫等色彩鲜艳的斑纹。总状花序顶生、花小、浅蓝色或浅紫色。坚果，小而平滑。花期 7～9 月；果期 8～10 月。

生态习性 原产于印度尼西亚。我国各地广泛栽培。喜阳光充足，温暖、湿润，通风良好的环境；怕涝，忌积水；适宜疏松肥沃、排水良好的沙质土壤。

繁殖方法 扦插繁殖。

欣赏应用

彩叶草叶色鲜艳多变，是美丽的观叶植物。园林中常用于花坛、路边、林缘绿化或作镶边材料；也可盆栽观赏。

▲ 植株　　　　　　　▲ 花序枝

▲ 带状花坛景观　　　　　　　　　　　　　　　　　◀ 叶色

▲ 立体花坛景观

◀ 叶枝

24 红花鼠尾草 *Salvia coccinea*

科属　唇形科　鼠尾草属　　别名　红唇

形态特征　多年生草本，常作一年生栽培，株高 30～60 cm。茎直立，全株被毛。叶对生，叶片长心形。总状花序顶生，花冠深红色。花期春、夏季。

生态习性　原产于美洲热带地区。我国广泛栽培。喜温暖和阳光充足，耐半阴；适宜疏松、肥沃、排水良好的沙质土壤。

繁殖方法　播种、扦插繁殖。

花　　絮　鼠尾草属的学名 Salvia 源自拉丁文"salvere"，意思是"拯救"或"治疗"。因为自古以来，人们就认为鼠尾草的医疗功效可以拯救人们免于疾病和死亡，它曾被用来治疗霍乱和痢疾，有"穷人的香草"之称，罗马人也称它为"神圣的药草"。

🪣 **欣赏应用**

红花鼠尾草花色艳丽，花姿秀丽典雅，适于布置花坛、花境或丛植于林缘、灌丛间，也是切花材料。

▲ 丛植景观

▲ 花序枝

▲ 植株

25 ｜ 一 串 蓝　*Salvia farinacea*

科属　唇形科　鼠尾草属　　别名　粉萼鼠尾草

形态特征　多年生草本，常作一年生栽培，株高 30～60 cm。茎四棱形，上部多分枝。叶对生，叶片长椭圆形至披针形，灰绿色。小花多朵轮生，组成总状花序顶生，花呈紫、青色，芳香。花期夏、秋季。

生态习性　原产于巴西、乌拉圭等国。我国多栽培。喜温暖、湿润和阳光充足的环境；较耐寒、耐旱、忌积水；适宜疏松、肥沃、排水良好的沙质壤土。

繁殖方法　播种繁殖。

欣赏应用

一串蓝花色清雅，适于花坛、花境和园林景点的布置，可点缀岩石旁、林缘空隙地，也可盆栽或作切花材料。

▲ 花丛式花坛景观

▲ 花序枝

▲ 花丛式花坛配置景观

◀ 植株

26 一串红 *Salvia splendens*

科属 唇形科 鼠尾草属　　**别名** 炮仗红　象牙红　西洋红

形态特征 多年生草本，常作一、二年生栽培，株高 50 ~ 80 cm，栽培高度 20 ~ 40 cm。茎直立，光滑，有四棱。叶对生，叶片卵形，边缘有锯齿。总状花序顶生，小花 2 ~ 6 朵轮生，花萼、花冠鲜红色，花有白、粉、紫等色。小坚果椭圆形。花期 5 ~ 10 月；果期 10 ~ 11 月。

生态习性 原产于巴西。我国各地普遍栽培。喜光，喜温暖、湿润，不耐寒，忌干热气候；要求疏松、肥沃、排水良好的土壤。

繁殖方法 播种、扦插繁殖。

花　絮 花语为恋爱的心，热烈的思念，健康。
花朵红色代表恋爱的心。
花朵白色代表精力充沛。
花朵紫色代表智慧。

▲ 花序枝

▲ 花丛式花坛景观　　　　　　　　　　　　　　　　▲ 植株

欣赏应用

一串红花色鲜艳，是节日装饰的主体材料。常用作花坛、带状花坛，矮生品种还可作模纹花坛和立体花坛；也常植于林缘、篱边或作为花群的镶边；在北方地区也常作盆栽观赏。

▼ 花色

▲ 花丛式花坛景观

▲ 模纹式花坛景观

一、二年生花坛植物

27　五色椒　*Capsicum frutescens*

科属　茄科　辣椒属　　　**别名**　朝天椒　观赏椒　佛手椒

形态特征　多年生草本，常作一年生栽培，株高 30～60 cm。茎直立，多分枝，半木质化。单叶互生，叶片卵形或长圆形。花小，白色，单生叶腋或簇生枝梢顶端。浆果指形、球形、扁球形，在成熟过程中，由绿色转变成白、黄、橙、红、紫等色，有光泽。花期 5～9 月；果期 8～10 月。

生态习性　原产于美洲热带。我国广为栽培。喜温暖，不耐寒，喜阳光充足；适宜湿润、肥沃的土壤。

繁殖方法　播种繁殖。

花　　絮　花语为引人注目。

🌊　**欣赏应用**

五色椒果实玲珑可爱，色彩缤纷，是优良的观果植物。常用于花坛、墙垣边栽培，也可盆栽观赏。

▲ 植株

▲ 果色

▲ 花丛式花坛景观

◀ 果序枝

28 花烟草 *Nicotiana alata*

科属 茄科 烟草属　　　**别名** 大花烟草

形态特征 多年生草本，常作一、二年生栽培，株高 60～80 cm，栽培高度 15～40 cm。茎多分枝，全株被粘柔毛。叶互生，基生叶卵圆形，茎生叶长圆状披针形。圆锥花序顶生，花朵疏散，喇叭状，小花由花茎逐渐向上开放，花有白、淡黄、桃红、紫红等色。花期夏秋季。

生态习性 原产于阿根廷和巴西。我国有引种栽培。喜温暖，喜阳光，不耐寒，耐旱；适宜疏松、肥沃而湿润的土壤。

繁殖方法 播种繁殖。

欣赏应用

花烟草色彩艳丽，花色丰富。可作为花坛、花境配置材料；也可散植于林缘、路边；矮生品种可盆栽观赏。

▲ 植株

▲ 群植景观

◀ 花枝

◀ 花色

29 矮牵牛 *Petunia hybrida*

科属 茄科 矮牵牛属　　**别名** 碧冬茄 灵芝牡丹 番薯花

形态特征 多年生草本，常作一、二年生栽培，株高 20～60 cm，栽培高度可低 10 cm。茎直立或横卧。下部叶互生，上部叶对生，叶片卵形，全缘。花单生叶腋或顶生，花冠漏斗状，花有白、红、桃红、紫红、橙红、紫蓝、紫黑或具条斑等。蒴果。花期 4～10 月，温室栽培可全年开花。

生态习性 原产于南美洲。我国广泛栽培。喜温暖，喜阳光，稍耐阴，不耐寒；喜排水良好的沙质土壤，忌积水。

繁殖方法 播种、扦插、组培繁殖。

花絮 花语为有您在我就放心，与您同心，有您就觉得温馨。

🪣 欣赏应用

矮牵牛花大色艳，花色丰富，花期长，在炎热的夏季开花不断。可以广泛用于花坛、花境、花丛，也适于室内盆栽观赏。

▲ 花色（重瓣）

▼ 花丛式花坛配置景观

▶ 花色

▲ 花丛式花坛景观

▲ 植株

▲ 花朵

30　金鱼草　*Antirrhinum majus*

科属　玄参科　金鱼草属　　　　**别名**　龙头花　龙口花　洋彩雀

形态特征　多年生草本，常作一、二年生栽培，株高 20～90 cm。茎基部木质化。下部叶对生，卵形，上部叶互生，叶片长圆状披针形。总状花序顶生，花冠筒状唇形，有白、淡红、深红、肉色、深黄、浅黄、黄橙等色。蒴果。花期 5～6 月。

生态习性　原产于地中海沿岸及北非。我国广泛栽培。喜凉爽，较耐寒，喜阳光，也耐半阴；喜肥沃、疏松和排水良好的土壤。

繁殖方法　播种、扦插繁殖。

花　絮　据说金鱼草是一种多情的彩雀的化身，它们曾被恶魔赶尽杀绝。幸好被一对好心的夫妇收留，因此彩雀在夫妇百年归老后，便化作彩雀花（金鱼草）供两人和世代子孙观赏。
　　花语为愉快，丰盛，好运，喜庆。

🦆 欣赏应用

金鱼草花朵美丽，似金鱼的头和嘴，是重要的早春花坛花卉，亦可盆栽观赏。

▲ 花序枝

▲ 带状花坛景观

▲ 花色

▲ 植株

▲ 带状花坛配置景观

◀ 花色

31 | 蒲包花 *Calceolaria herbeohybrida*

科属 玄参科 蒲包花属　　　**别名** 元宝花　状元花　荷包花

形态特征　多年生草本，常作二年生栽培，株高 20 ~ 70 cm。茎上部分枝，被细茸毛。叶对生，叶片卵形或卵状椭圆形，常呈黄绿色。不规则聚伞花序顶生，花冠二唇，上唇瓣直立较小，下唇瓣膨大成蒲包状，花色变化丰富，单色品种有黄、白、红等深浅不同的花色，复色则在各底色上着生橙、粉、褐红等斑点。蒴果。花期 12 月~翌年 5 月。

生态习性　原产于南美地区的墨西哥、智利等地。我国有栽培。喜冬季温暖，夏季凉爽，不耐寒，忌炎热，喜光照及通风良好；对土壤要求严格，以排水良好，富含腐殖质的土壤为宜。

繁殖方法　播种、扦插繁殖。

花　絮　蒲包花原是拉丁文"细小的花鞋"的意思。在南美洲安第斯山区，当地人对蒲包花并无好感，认为它是一个不愿与人沟通的"鼓气袋"，除了孩子们从野外采来玩耍外，成年人对它不屑一顾。谁料后来有人把它形容为"荷包"之后，当地土著人的观念就彻底更新了。
　　花语为愿将财富奉献给你，聚集财富，吉祥如意，金银满色。

🪣 欣赏应用

蒲包花花形似小荷包，且花色鲜艳，花期长，观赏价值高，是早春重要的花坛花卉和盆栽花卉。

▲ 花色

▲ 盆花群景观　　　　　　　◀ 植株　　　◀ 花序枝

32 | 毛地黄 *Digitalis purpurea*

科属 玄参科 毛地黄属　　　**别名** 洋地黄 自由钟

形态特征 多年生草本，常作二年生栽培，株高 60～100 cm。茎直立，少分枝，被柔毛。叶粗糙，皱缩，基生叶互生，叶片卵形至卵状披针形，茎生叶长卵形。总状花序顶生，花冠钟状稍偏，花紫色，内面有浅白色斑点。蒴果卵形。花期 6～8 月；果期 8～10 月。

生态习性 原产于欧洲西部。我国有栽培。较耐寒，喜凉爽，忌炎热；喜阳光，耐半阴；适宜湿润而排水良好的土壤。

繁殖方法 播种、分株繁殖。

花　絮 花语为热爱

🪣 欣赏应用

毛地黄花形优美，花序硕大，为优美的花坛花卉，也可在花境、岩石园中应用。

▲ 植株　　　▲ 花色

▲ 丛植景观　　　◀ 花序枝

33 | 柳 穿 鱼 *Linaria vulgaris*

科属　玄参科　柳穿鱼属

形态特征　多年生草本，常作一、二年生栽培，株高 20 ~ 50 cm。茎直立，常丛生。叶对生，叶片长条形，全缘。总状花序顶生，小花密集，黄色。蒴果卵球状。花期 6 ~ 8 月；果期 8 ~ 9 月。

生态习性　原产于墨西哥。我国东北、华北、华东地区有栽培。喜光，较耐寒，不耐酷热；宜中等肥沃、适当湿润而又排水良好的土壤。

繁殖方法　播种繁殖。

🌿 欣赏应用

柳穿鱼枝叶柔细，花形别致，适宜作花坛及花境边缘材料，也可盆栽或作切花材料。

▲ 植株

▲ 丛植景观

34 夏 堇 *Torenia fournieri*

科属　玄参科　蝴蝶草属　　　别名　蓝猪耳　花公草

形态特征　一年生草本，株高 30～50 cm。茎光滑，多分枝。叶对生，叶片卵形或卵状心脏形，边缘有锯齿。总状花序花腋生或顶生，花唇形，花有淡青、桃红、兰紫、深红等色，喉部有斑点。花期 7～10 月。

生态习性　原产于越南。我国有栽培。喜温暖、不耐寒，喜半阴及湿润环境；对土壤要求不严，但以疏松、排水良好的土壤为宜。

繁殖方法　播种繁殖。

欣赏应用

夏堇花形奇特，花姿优美，花期极长，适合布置花坛、花境或路边栽培观赏，也可盆栽观赏。

▲ 植株

▲ 花丛式花坛景观

◀ 花序枝

35 | 藿香蓟 *Ageratum conyzoides*

科属 菊科　藿香蓟属　　　**别名** 胜红蓟　一枝香　咸虾花

形态特征 一年生草本，株高 30 ~ 60m。茎基部多分枝，株丛紧密。叶对生，叶片卵形或长圆形。头状花序呈聚伞状着生茎顶，花有蓝、淡紫、雪青、粉白色。瘦果黑褐色。花期6 ~ 10 月。

生态习性 原产于美洲热带。我国各地均有栽培。喜阳光充足，温暖、湿润的环境；对土壤要求不严。

繁殖方法 播种繁殖。

🪣 欣赏应用

藿香蓟株丛繁茂，花色淡雅。常用来配置花坛和地被；也可用于小庭院、路边、岩石旁点缀；矮生种可盆栽观赏。

▲ 片植景观　　　　　　　　　　　　　　　　　▲ 植株

▲ 带状花坛配置景观　　　　　　　　　　　　　　◀ 花序枝

36 雏 菊 *Bellis perennis*

| 科属 | 菊科　雏菊属 | 别名 | 春菊　延命草 |

形态特征　多年生草本，常作二年生栽培，株高 15～20 cm。全株具毛。叶基生，叶片匙形或倒卵形。头状花序单生于茎顶，舌状花一轮或多轮条形，有白、粉红、红，紫或红白相间；管状花黄色。瘦果，扁倒卵形。花期 4～5 月；果期夏季。

生态习性　原产于欧洲。我国各地广为栽培。喜冷凉气候，耐寒而不耐酷热；以肥沃、富含腐殖质的土壤最为适宜。

繁殖方法　播种繁殖。

花　　絮　花语为清白、守信、天真、和平。雏菊为意大利国花。

🪣 欣赏应用

雏菊植株小巧玲珑，花色美丽，花期长。是早春布置花坛、花境的重要花卉；也可盆栽观赏。

▲ 植株

▲ 带状花坛配置景观

◀ 花枝

37　翠　菊　*Callistephus chinensis*

科属　菊科　翠菊属　　　别名　江西腊　蓝菊　八月菊

形态特征　一年生草本，株高 30～100 cm。茎直立，上部多分枝，全株疏生短毛。叶互生，叶片卵形至长椭圆形，有粗钝锯齿。头状花序单生枝顶，每朵花的中央为黄色的筒状花，周围由数朵舌状花组成。花色丰富，有红、蓝、紫、白、黄等色。瘦果楔形，浅黄色。春播花期 7～10 月，秋播花期 5～6 月。

生态习性　原产于中国，分布于东北、华北以及四川、云南等地。喜温暖、湿润和阳光充足环境，忌高温多湿和通风不良；喜肥沃、湿润和排水良好的壤土。

繁殖方法　播种繁殖。

花　絮　在歌德名剧《浮士德》中，少女用翠菊来占卜恋爱的一幕使翠菊更加有名。

🪣 **欣赏应用**

翠菊花大艳丽，为优良的花坛花卉。矮型品种适用于毛毡花坛和花坛的边缘，也宜盆栽；中型和高型品种可用于各种园林布置；高型品种还常作花丛、花境背景；翠菊花也是良好的切花材料。

▲ 植株

▲ 花丛式花坛景观　　　　　　　◀ 花枝

38 金盏菊 *Calendula officinalis*

科属　菊科　金盏菊属　　　　　**别名**　金盏花　黄金盏

形态特征　多年生草本，常作二年生栽培，株高 30～60 cm。茎直立，有分枝，全株被白色茸毛。单叶互生，叶片长圆形至椭圆状倒卵形，叶基部稍抱茎。头状花序单生茎顶，花黄色或褐色。瘦果弯曲。花期 4～6 月；果期 5～7 月。

生态习性　原产于南欧、地中海沿岸。我国各地多栽培。喜阳光充足，耐寒，喜凉爽，忌高温；适应性较强，怕炎热天气；对土壤要求不严，以疏松、肥沃、微酸性土壤为最好。

繁殖方法　播种繁殖。

花　絮　花语为分离的悲伤，悲叹，离别之痛，惜别，迷恋，失望。

🪣 欣赏应用

金盏菊花色金黄，是早春常用的花坛花卉之一。适用于中心广场花坛、花带布置，也可作草坪的镶边花卉或盆栽观赏；长梗大花品种可用于切花。

▲ 片植景观　　　　　　　　　　　　　　　　　　　▲ 植株

▲ 花丛式花坛配置景观　　　　　　　　　　　　　　　◀ 花枝

39   矢车菊   *Centaurea cyanus*

科属 菊科 矢车菊属   **别名** 蓝芙蓉

形态特征 一、二年生草本，株高 30 ~ 70 cm。茎直立，枝细长，多分枝。基生叶，叶片长椭圆状披针形，中部叶或上部叶线形。头状花序单生枝顶；舌状花大，偏漏斗形，外轮呈放射状，花有蓝、白、粉或紫色。瘦果椭圆形。花期 6 ~ 8 月；果期 8 ~ 9 月。

生态习性 原产于欧洲。我国各地均有栽培。喜阳光充足，不耐阴湿；较耐寒，喜冷凉，忌炎热；喜肥沃、疏松和排水良好的沙质土壤。

繁殖方法 播种繁殖。

花 絮 在 19 世纪初的一次战争中，德国的路易莎王后带着孩子们从柏林逃亡到柯尼斯堡。有一天，在同孩子们一起散步时，她从一个村姑手中买来一束矢车菊，并编成了花冠。当体弱多病的公主把皇冠戴到头上时，脸颊立刻泛起红晕。于是，女王后坚信矢车菊是幸福的先兆。

花语为优雅，幸福，谦虚，清纯的女孩。

🪴 欣赏应用

矢车菊花型秀丽，色彩淡雅。可用于花坛、草地镶边或盆栽观赏；高茎品种还可做切花。

▲ 植株

▲ 丛植景观   ◀ 花枝

40　白晶菊　*Chrysanthemum paludosum*

科属　菊科　茼蒿属　　　　**别名**　晶晶菊

形态特征　二年生草本，株高 15～25 cm。叶互生，1～2 回羽裂。头状花序顶生，盘状，边缘舌状花银白色，中央筒状花金黄色。瘦果。花期从冬末至初夏。

生态习性　原产于北非、西班牙。我国有栽培。喜阳光充足而凉爽的环境；耐寒，不耐高温，适应性强；不择土壤，但宜种植在疏松、肥沃、湿润的沙质壤土中。

繁殖方法　播种繁殖。

🪴 欣赏应用

白晶菊洁白雅致，观赏效果极佳。适宜花坛、花境栽培，也可盆栽观赏。

▲ 花丛式花坛配置景观

▲ 植株

▲ 丛植景观

◀ 花枝

41　波 斯 菊　*Cosmos bipinnatus*

科属　菊科　秋英属　　　　**别名**　秋英　大波斯菊　秋樱

形态特征　一年生草本，株高 30 ～ 120 cm。茎直立，分枝较多，茎光滑或具微毛。叶对生，二回羽状深裂，裂片狭线形，全缘。头状花序单生于总梗上，具卵状披针形的总苞，周边舌状花有白、粉、深红色；中心筒状花黄色。瘦果黑紫色。花期 6 ～ 9 月；果期 8 ～ 10 月。

生态习性　原产于墨西哥。我国广泛栽培。喜阳光，喜温暖，不耐寒，忌酷热；对土壤要求不严。

繁殖方法　播种、扦插繁殖。

花　絮　波斯菊被藏族誉为"格桑花"，藏族有一个美丽的传说；不管是谁，只要找到了八瓣格桑花，就找到了幸福。

　　在欧美地区，许多浪漫的少女常在情书中加上一朵波斯菊，寄托心中的情话，转给她爱慕的人，这是波斯菊花语"少女的心"的由来。

欣赏应用

波斯菊叶形雅致，花色丰富，且花枝轻盈，随风摆动，摇曳多姿。适于布置花坛、花境；或在草地上丛植，树丛周围及路旁成片栽植，颇有野趣。

▲ 植株

花枝 ▶　　　　　　　　　　　　　　　　　　　　　　▲ 花带配置景观

42　勋章菊　*Gazania splendens*

科属　菊科　勋章菊属　　　别名　勋章花

形态特征　多年生草本，常作一、二年生栽培，株高 20～30 cm。叶丛生，叶片披针形或倒卵状披针形，全缘或有浅羽裂，叶背密被白毛。头状花序单生，舌状花单轮或 1～3 轮，黄色或橘黄，基部有深色斑；筒状花黄色或黄褐色。花期 5～10 月。

生态习性　原产于南非。我国有栽培。喜阳光充足，温暖凉爽的环境；适宜肥沃、排水良好的土壤。

繁殖方法　播种、分株繁殖。

🪣 **欣赏应用**

勋章菊的花形奇特，花色丰富，其花心有深色眼斑，形似勋章，具有浓厚的野趣，是园林中常见的盆栽花卉和花坛用花。适宜布置花坛和花境，也是很好的插花材料。

▲ 叶枝

▲ 植株

▲ 花丛式花坛景观

◀ 花色

43 | 观赏向日葵 *Helianthus annuus*

科属 菊科 菊属   **别名** 美丽向日葵

形态特征 一年生草本，株高 90 ~ 300 cm。茎直立，分枝较多。叶互生，心状卵圆形、三基出脉，边缘粗锯齿。头状花序，舌状花有黄、橙、乳白、红褐等色；管状花有黄、橙、褐、绿和黑等色。花期 7 ~ 9 月。

生态习性 忌高温多湿，喜阳光充足，不耐阴，对土壤要求不严。

繁殖方法 播种繁殖。

🌿 欣赏应用

观赏向日葵花盘硕大，色彩亮丽，可作花坛、花丛、花群及花境背景材料。

▲ 植株

▲ 丛植景观

◀ 花枝

44 麦秆菊 *Helichrysum bracteatum*

科属 菊科 蜡菊属　　　**别名** 蜡菊　贝细工

形态特征 多年生草本，常作一年生栽培，株高 50～100 cm。茎直立，多分枝，全株被微毛。叶互生，叶片长椭圆状披针形，全缘。头状花序单生枝顶，总苞苞片多层，呈覆瓦状排列，呈现出白、粉、橙、红、黄等色；筒状花聚生在花盘中央，黄色。瘦果，小棒状。花期 7～9 月；果熟期 8～10 月。

生态习性 原产于澳大利亚。我国各地广泛栽培。不耐寒、怕暑热；喜肥沃、湿润而排水良好的土壤。

繁殖方法 播种繁殖。

花　絮 花语为永恒的记忆，铭刻在心。

🪣 欣赏应用

麦秆菊苞片色彩艳丽，因含硅酸而呈膜质，干后有光泽，干燥后花色、花形经久不变，是天然的干花。常用于布置花坛、花境等，还可在林缘丛植。

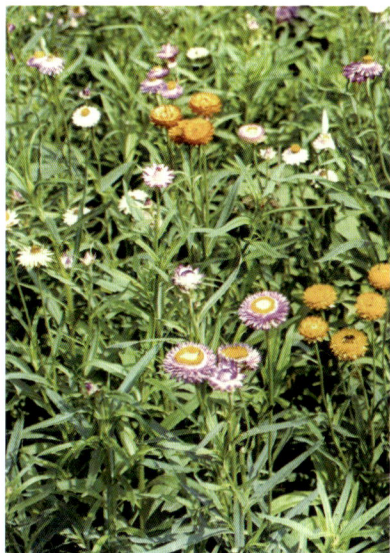

▲ 植株

◀ 花枝

▲ 丛植景观

◀ 花色

45　瓜叶菊　*Senecio cruentus*

科属　菊科　瓜叶菊属　　　**别名**　千日莲　瓜叶莲

形态特征　多年生草本，常作一、二年生栽培，株高 20～90 cm。茎直立，全株密被柔毛。叶片大，卵状心形至宽心形，形如瓜叶，绿色光亮。头状花序聚生成伞房状，花序周围是舌状花，中央为筒状花，花色有白、粉、玫瑰红、紫、蓝及各种复色。瘦果纺锤形。花期11 月～翌年 4 月。

生态习性　原产于北非加那利群岛。我国各地公园或庭院广泛栽培。喜阳光充足和通风良好的环境，但忌烈日直射；不耐寒，喜凉爽湿润的气候；喜富含腐殖质而排水良好的沙质壤土，忌干旱，怕积水。

繁殖方法　以播种为主，重瓣品种可采用扦插或分株法繁殖。

花　絮　花语为兴奋，快活，持久的喜悦，长久的光辉。

🪣 **欣赏应用**

瓜叶菊开花整齐，花形丰满，是冬春时节主要的观花植物之一，可作花坛栽植或盆栽观赏。

▲ 花枝　　　　　　　　▲ 花色

▲ 丛植景观　　　　　　　　　　　　　　植株 ▶

46 | 万寿菊 *Tagetes erecta*

科属 菊科 万寿菊属　　　　**别名** 臭芙蓉 臭菊花

形态特征 一年生草本，株高 60～100 cm，栽培高度 20～40 cm。茎直立，粗壮，具纵细条棱。叶对生，羽状全裂，裂片长椭圆形或披针形，边缘有油腺。头状花序单生，舌状花黄色或暗橙黄色；管状花黄色。瘦果黑色。花期 6～9 月；果期 8～10 月。

▲ 叶枝

生态习性 原产于墨西哥。我国各地有栽培。喜温暖、湿润和阳光充足环境；对土壤要求不严，以肥沃、排水良好的沙质壤土为好。

繁殖方法 播种、扦插繁殖。

花　絮 传说，十六世纪中叶，此花从国外传到中国南方，人们不知其芳名，因其花叶有一股臭味，故称其为"瓣臭菊"。

　　花语为健康长寿，友情。

🪣 **欣赏应用**

万寿菊花金黄艳丽，是常见的庭园花卉。矮型品种多用于花丛式花坛，常与一串红搭配，为节日主要装饰花卉；高型品种花朵硕大，色彩艳丽，花梗较长，作切花后水养时间持久，是优良的鲜切花材料。

▲ 植株

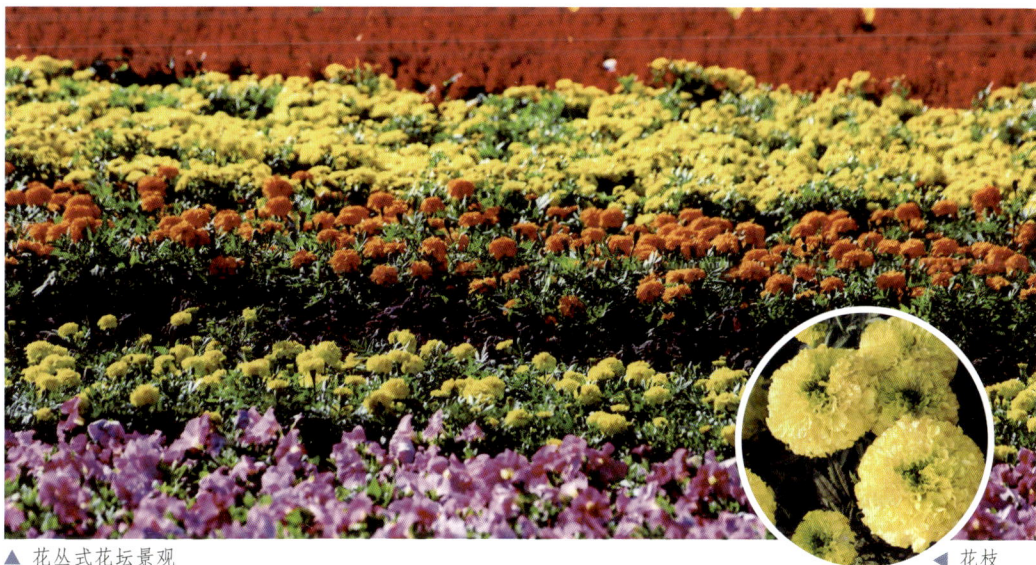
▲ 花丛式花坛景观　　　　　　　　　　　◀ 花枝

47　孔雀草　*Tagetes patula*

科属　菊科　万寿菊属　　　　**别名**　小万寿菊　细黄草

形态特征　一年生草本，株高 20～90 cm。茎直立，多分枝。叶片羽状分裂，裂片线状披针形，边缘有锯齿。头状花序单生，舌状花金黄色或橙色，带有红色斑；管状花花冠黄色。瘦果线形。花期 6～10 月；果期 7～11 月。

生态习性　原产于墨西哥。我国各地均有栽培。性强健，喜阳光充足；对土壤要求不严。

繁殖方法　播种繁殖。

🪣 欣赏应用

孔雀草花朵繁密，花色艳丽，可用于花坛、花境种植，也可盆栽和作切花材料。

花枝 ▶

▲ 植株

▲ 盆花群景观

48　百日草　*Zinnia elegans*

科属　菊科　百日草属　　　　**别名**　百日菊　步步高　对叶菊

形态特征　一年生草本，株高 40～120 cm，栽培高度 20～40 cm。茎直立，粗壮，被粗毛。叶对生，叶基部抱茎，叶片卵圆形至长椭圆形，全缘。头状花序单生枝端，舌状花多轮花瓣呈倒卵形，有白、绿、黄、粉、红、橙等色；管状花集中在花盘中央黄橙色。瘦果，倒卵圆形。花期 6～9 月；果期 7～10 月。

生态习性　原产于墨西哥。我国各地均有栽培。喜光，也耐半阴；喜温暖，不耐寒，怕酷暑；适宜疏松、肥沃的土壤。

繁殖方法　播种、扦插繁殖。

花　絮　花语为怀念远方的朋友，思念亡友，友谊永固，回忆。
　　百日草为阿拉伯联合酋长国国花。

▲ 植株

欣赏应用

百日草花大色艳，开花早，花期长，株型美观，是常见的庭园花卉。可用于布置花坛、花境。矮生种可盆栽，高杆品种适合做切花生产。

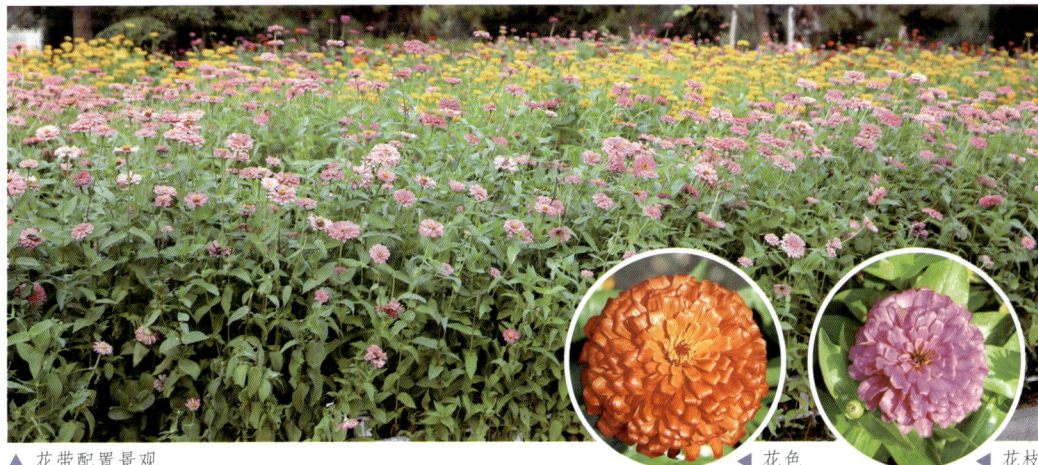

▲ 花丛式花坛景观

▲ 花带配置景观

◀ 花色

◀ 花枝

宿根花坛植物

1 红叶苋 *Iresine herbstii*

科属 苋科 红叶苋属   **别名** 血苋 红洋苋

形态特征 宿根草本，株高达 100 cm。茎直立，红色，少分枝。单叶对生，叶片宽卵形至近圆形，紫红色或稍带黄绿色。雌雄异株，圆锥花序顶生或腋生，花小，不明显。

生态习性 原产于南美洲。我国有栽培。喜光，喜温暖、湿润，不耐寒；适宜疏松、肥沃、排水良好的沙质土壤。

繁殖方法 播种、扦插繁殖。

欣赏应用

红叶苋叶色浓艳，适宜与五色苋类或浅色花卉配置花坛、花境，也可盆栽观叶。

▲ 叶枝

▲ 植株

▲ 带状花坛景观

2 | 红龙草　*Alternathera dentate* 'Ruliginosa'

科属　苋科　莲子草属

形态特征　宿根草本，株高 15～30 cm。茎紫褐色。叶对生，叶片椭圆形，紫红至紫黑色。头状花序密聚成粉色小球，无花瓣。

生态习性　原产于南美洲。我国华东、华南地区有栽培。喜光，稍耐阴，不耐寒，耐酷暑。

繁殖方法　扦插繁殖。

▲ 植株

▲ 花丛式花坛配置景观

欣赏应用

红龙草叶色紫红美丽。可用作花坛、花台配置；或在庭园丛植、列植栽培观赏，以强调色彩效果。

◀ 叶枝

▲ 花丛式花坛配置景观

3 | 瞿 麦 *Dianthus superbus*

科属　石竹科　石竹属

形态特征　宿根草本，株高 30～60 cm。茎丛生，直立，上部疏分枝。叶片线状披针形，顶端渐尖，基部成短鞘状抱茎。花单生或数朵集成稀疏聚伞花序，花瓣 5，淡红色，瓣片边缘细裂成流苏状。蒴果狭圆筒形。花期 7～8 月。

生态习性　分布于我国东北、华北、西北、华东等地。喜光、耐寒、耐干旱，忌涝；喜排水良好、肥沃的沙质土壤。

繁殖方法　以种子繁殖为主，也可分株繁殖。

🪴 欣赏应用

瞿麦花朵轻盈秀丽，可布置花坛、花境或岩石园，也可盆栽或作切花材料。

▲ 植株

花序株 ▶

▲ 片植景观

4 大花飞燕草 *Delphinium grandiflorum*

科属 毛茛科 翠雀属 　　**别名** 翠雀花

形态特征 宿根草本，株高 60～90 cm。茎直立，具疏分枝。叶互生，掌状深裂，叶片长裂片线形。总状花序顶生，具花 3～15 朵，花有蓝、紫红、粉、白等色。蓇葖果。花期 6～9 月。

生态习性 原产于我国、西伯利亚。东北地区有野生。喜光，喜冷凉，较耐寒，适宜排水良好的沙壤土。

繁殖方法 分株、扦插、播种繁殖。

欣赏应用

大花飞燕草花形别致，色彩淡雅，常作花坛、花境栽培观赏；也可用作切花材料。

▲ 植株

▲ 花序株

▲ 丛植景观

宿根花坛植物

5 ｜ 大花耧斗菜 *Aquilegia hybrida*

科属 毛茛科　耧斗菜属　　**别名** 杂种耧斗菜

形态特征 宿根草本，株高达 90 cm。茎直立，多分枝。2～3 回三出复叶，具长柄。单歧聚伞花序，花两性，辐射对称，花瓣圆唇状，花有紫红、深红、黄等色，并有重瓣双色品种。蓇葖果。花期 5～8 月；果期 7～9 月。

生态习性 本种是园艺杂交种。我国有栽培。性强健，喜冷凉，耐寒，耐半阴；适宜含腐殖质、排水良好的土壤。

繁殖方法 播种、分株繁殖。

花　絮 花语为坦率，奋战到底，胜利的誓言。

🪴 **欣赏应用**

大花耧斗菜花型奇特，花大而美丽。可用作花坛、花境布置或丛植观赏。

花色 ▶

▲ 植株　　　　　▲ 花枝

▲ 花丛式花坛景观

6 芍药 *Paeonia lactiflora*

科属 芍药科 芍药属 　　**别名** 将离 离草 没骨花

形态特征 宿根草本，株高 50～80 cm。茎由根部簇生。叶互生，叶片 2 回 3 出羽状复叶，小叶椭圆形至披针形，深绿色。花单生于茎顶或枝上部叶腋，单瓣或重瓣，有白、黄、粉红、紫等花色。蓇葖果。花期 5～6 月；果期 8 月。

生态习性 原产于我国北部、日本及西伯利亚。我国多栽培。喜阳光充足，耐寒，忌夏季湿热；适宜湿润、排水良好的沙质土壤。

繁殖方法 分株、播种繁殖。

花　絮 芍药在我国栽培历史悠久，远在周朝，男女交往时就以芍药相赠，作为结情之约。芍药的栽培早于牡丹，我国古代以扬州芍药最著名，故历来就有"洛阳牡丹，扬州芍药"之说。现芍药品种有 200 多个，主产山东菏泽、江苏扬州。

　　花语为含羞，羞涩。

🪴 **欣赏应用**

芍药花大色艳，品种繁多，可用于花坛、花丛、花境及草坪边缘绿化，也适宜作切花材料。

▲ 植株

▲ 新芽

宿根花坛植物

花枝 ▶ 　　　　　　　　　　　　　▲ 花丛式花坛景观

7 三七景天 *Sedum aizoon*

科属 景天科 景天属　　**别名** 费菜 土三七

形态特征 宿根草本，株高 30～50 cm。茎直立，不分枝。叶互生，叶片椭圆状披针形至卵状披针形，深绿色。聚伞花序，花小密集，黄色。蓇葖果，星芒状排列。花期 6～7 月。

生态习性 原产于我国、日本及朝鲜。我国多栽培。喜阳光充足，稍耐阴；耐寒、耐旱；适宜排水良好的土壤。

繁殖方法 分株、扦插、播种繁殖。

▲ 植株

花序枝 ▶

🪣 **欣赏应用**

三七景天植株低矮、性强健，花色金黄。适宜布置花坛、花境、岩石园。

▲ 花坛配置景观　　　　　　　　　　　　　　　　叶枝 ▶

8 佛甲草 *Sedum lineare*

科属 景天科 景天属

形态特征 宿根草本，株高 10 ~ 20 cm。茎幼时直立，后下垂，肉质，呈丛生状。叶线形，3 叶轮生，少为对生。聚伞状花序顶生，花黄色。蓇葖果五角形状。花期 5 ~ 6 月；果期 6 ~ 7 月。

生态习性 原产于我国南部及日本。我国华北地区有栽培。生长适应性强，耐寒、耐旱、耐盐碱、耐瘠薄。

繁殖方法 播种、扦插繁殖。

植株 ▶

欣赏应用

佛甲草碧绿的小叶宛如翡翠，整齐美观。既可作花坛、地被栽植，也可盆栽欣赏；目前各大城市主要将其用于屋顶绿化。

▲ 模纹式花坛景观

宿根花坛植物

▲ 模纹式花坛配置景观

◀ 花序枝

9 | 金叶佛甲草 *Sedum lineare* 'Aurea'

科属 景天科 景天属

形态特征 宿根草本，为佛甲草的栽培品种。三叶轮生，叶片线形至线状披针形，金黄色。

其他特征及内容同佛甲草。

▲ 植株

▲ 花序枝

▲ 平面花坛配置景观

10 垂盆草 *Sedum sarmentosum*

科属 景天科 景天属 **别名** 爬景天 狗牙齿

形态特征 宿根肉质草本，株高 10 ～ 20 cm。茎纤细，匍匐状延伸，近地面茎易生根。叶轮生，叶片倒披针形至长圆形，全缘。聚伞花序，常有 3 ～ 5 分枝，花淡黄色。花期 5 ～ 7 月。

生态习性 原产于我国长江流域，各地多栽培。较耐寒，喜稍阴湿，适宜肥沃的沙壤土。

繁殖方法 分株、扦插繁殖。

欣赏应用

垂盆草叶色翠绿，生长快，常用作地被、花坛镶边材料；也可盆栽观赏。

▲ 花序枝

▲ 平面花坛景观

▲ 植株

▲ 花坛镶边景观

宿根花坛植物

11 | 胭脂红景天 *Sedum spurium* 'Coccineum'

科属 景天科 景天属

形态特征 宿根草本，株高 10 cm。茎匍匐，光滑。叶对生，肉质，叶片卵形至楔形，深绿色后变胭脂红色，冬季为紫红色。花深粉色。花期 5～7 月。

生态习性 原产于欧洲高加索地区。我国上海、北京、辽宁有栽培。喜光，耐寒；忌水湿，耐旱性极强；喜排水良好的土壤。

繁殖方法 分株、扦插繁殖。

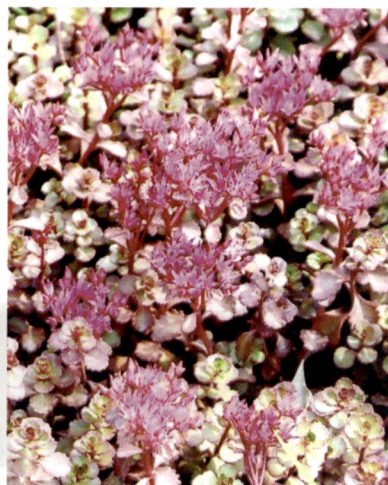

▲ 植株

▲ 片植景观

🌿 欣赏应用

胭脂红景天叶片靓丽，叶色红艳，是布置花境、花坛、岩石园的优良植物，也可栽植于公园、屋顶等处裸露的空地。

▲ 花丛式花坛配置景观

◄ 花序枝

12 八宝景天 *Sedum spectabile*

科属 景天科 景天属   **别名** 蝎子草 长药景天 八宝

形态特征 宿根肉质草本，株高 30 ~ 50 cm。茎簇生，直立粗壮，全株略被白粉，呈灰绿色。叶 3 ~ 4 枚轮生，叶片倒卵形，肉质而扁平。伞房花序顶生，花淡红、紫红、白色等。蓇葖果。花期 8 ~ 9 月。

生态习性 原产于我国，北方地区多栽培。喜阳光充足，通风良好的环境，耐寒性强；适宜排水良好的沙质土壤。

繁殖方法 分株、播种繁殖。

欣赏应用

八宝景天叶色蓝绿，花色粉红，株型整齐，可用作花坛、花境，或大片丛植观赏。

▲ 叶枝

▲ 丛植景观

宿根花坛植物

▲ 植株

▲ 花色

▲ 花丛式花坛景观

▶ 花序枝

13 矾 根 *Heuchera micrantha*

科属 虎耳草科 矾根属   **别名** 珊瑚铃

形态特征 宿根草本。浅根性，叶基生，阔心形，深紫色，有多种颜色园艺品种。花小，钟状，红色，两侧对称。花期4～10月。

生态习性 原产于美国，近些年引入我国。性耐寒，喜冷凉；喜半阴环境，忌强光直射。喜中性偏酸、疏松肥沃，湿润但排水良好的壤土。

繁殖方法 播种、分根繁殖。

▲ 立体花坛配置景观

▲ 花带配置景观

欣赏应用

矾根植物小巧，叶色美丽，是少有的彩叶阴生地被植物，园林中多用于林下花境、花坛、立体花坛、花带、地被、庭院绿化等。

▲ 花带景观

◀ 植株

14 羽扇豆 *Lupinus polyphyllus*

科属　蝶形花科　羽扇豆属　　　　**别名**　多叶羽扇豆　鲁冰花

形态特征　宿根草本，株高50～110 cm。掌状复叶，有小叶3～9枚，小叶披针形至倒披针形，银绿色。总状花序轮生，蝶形花，花色有深蓝、淡蓝、蓝紫、淡红、淡黄、白、粉红和双色等。荚果扁圆形。花期春末夏初。

生态习性　原产于北美西部。我国南方各地均有栽培。喜光，稍耐阴；喜凉爽，较耐寒；适宜疏松、肥沃、排水良好的沙质土壤。

繁殖方法　播种繁殖。

花　　絮　羽扇豆因其根系具有固肥的机能，在中国台湾地区的茶园中广泛种植，被台湾当地人形象地称为"母亲花"。但台湾对羽扇豆采用了音译的名字"鲁冰花"。
花语为苦涩。

🪴 欣赏应用

羽扇豆花序大型，花色鲜艳，适宜布置花坛、花境或在草坡中丛植，亦可盆栽或作切花。

▲ 植株

宿根花坛植物

▲ 花丛式花坛景观

◀ 花序枝

15 | 红花酢浆草 *Oxalis corymbosa*

科属　酢浆草科　酢浆草属　　　　**别名**　铜锤草　三叶草

形态特征　宿根草本，株高 15～20 cm。全株具白色细纤毛。掌状复叶基生，小叶 3 枚，叶片倒心形。花茎自基部抽出，伞形花序，花淡红至深桃红，带纵裂条纹。花期 4～11 月。

生态习性　原产于南美巴西。我国各地均有栽培。喜温暖、湿润的环境；耐阴性强，忌夏季炎热，不耐寒；适宜肥沃、排水良好的沙质壤土。

繁殖方法　分株、播种繁殖。

花　　絮　花语为明朗的心，绝不抛弃你。

🪣 欣赏应用

红花酢浆草花朵美丽，花期长，适合公园、庭院等处的花坛、花境、疏林地及林缘作地被栽培观赏，也可盆栽观赏。

▲ 植株

▲ 地被景观

◀ 花枝

16 紫叶酢浆草 *Oxalis violacea* 'Purpule Leaves'

科属 酢浆草科　酢浆草属

形态特征 宿根草本，株高 15 ~ 30 cm。叶基生，掌状复叶，小叶 3 枚，无柄，叶片倒三角形，紫红色。伞形花序，有花 5 ~ 9 朵，花瓣 5 枚，淡红色或淡紫色。花期 4 ~ 11 月。

生态习性 原产于南美巴西。我国各地均有栽培。喜湿润、半阴且通风良好的环境；耐干旱，较耐寒；适宜排水良好的沙质土壤。

繁殖方法 分株、播种繁殖。

🌿 欣赏应用

紫叶酢浆草叶片美丽诱人，粉红色花朵烂漫可爱。园林中常植于草地边缘、山石边，花坛配置或作地被植物，也可盆栽观赏。

▲ 花枝

▲ 植株

◀ 叶枝

宿根花坛植物

▲ 模纹式花坛配置景观

17 新几内亚凤仙 *Impatiens linearifolia*

科属 凤仙花科 凤仙花属 **别名** 五彩凤仙花

形态特征 宿根草本，株高 25 ~ 30 cm。茎肉质，多分枝。叶互生，有时上部轮生状，叶片卵状披针形，叶脉红色。花腋生，单瓣或重瓣，有洋红、雪青、白、紫、橙等花色。花期夏、秋季。

生态习性 原产于新几内亚。我国南方多栽培。喜温暖、湿润和阳光充足的环境；不耐高湿和烈日暴晒；适宜肥沃、疏松、排水良好的微酸性沙质土壤。

繁殖方法 播种、组培、扦插繁殖。

▲ 花塔景观

🪴 欣赏应用

新几内亚凤仙花色丰富，色彩绚丽，花期长，适宜布置花坛、花带等；也可盆栽观赏。

▲ 花序枝

▲ 模纹式花坛配置景观 ◀ 植株

18 芙 蓉 葵 *Hibiscus moscheutos*

科属 锦葵科　木槿属　　　**别名** 草芙蓉　紫芙蓉　大花秋葵

形态特征 宿根草本，株高 1～2 m。茎粗壮，斜生，光滑被白粉。单叶互生，叶片卵形至卵状披针形，缘具钝圆锯齿。花大，单生于枝端叶腋间，有白、粉、红、紫等色花中央深红色。蒴果圆锥状卵形。花期6～8月。

生态习性 原产于北美洲。我国华北、上海、南京、杭州等地有栽培。性强健，喜温暖及阳光充足，耐寒性较强，不择土壤。

繁殖方法 播种、分株繁殖。

欣赏应用

芙蓉葵花大色艳，为极富观赏效果的花境植物，可作花坛中心配置材料。

▲ 植株

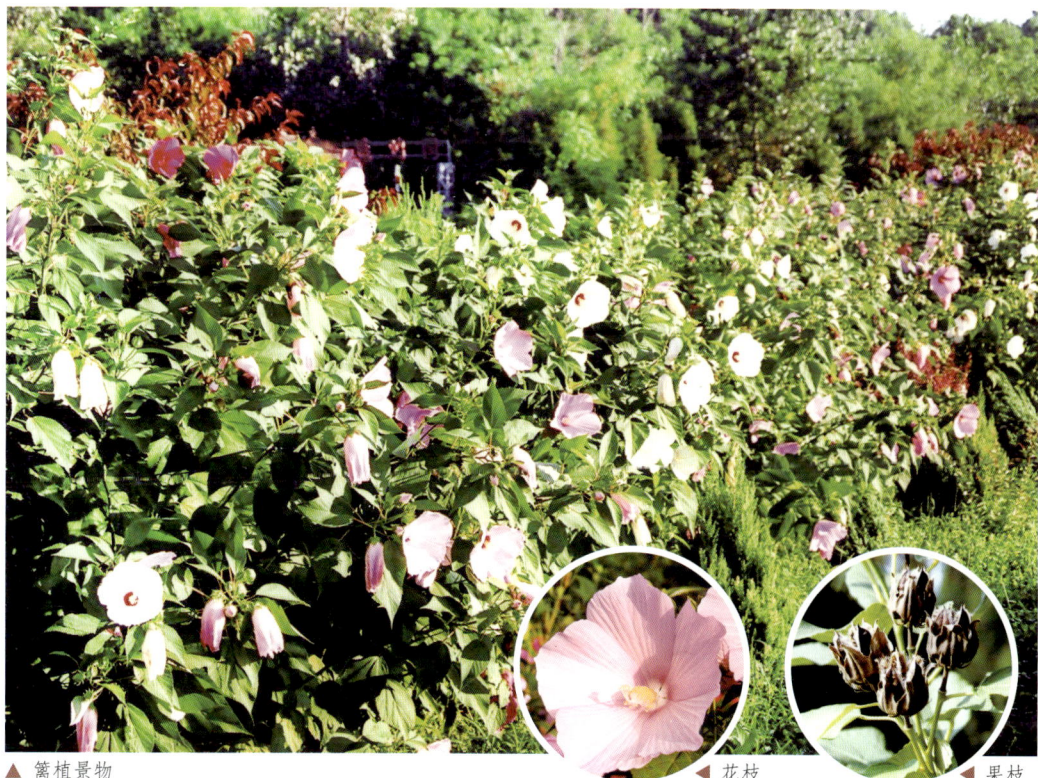

▲ 篱植景物　　　　　　　　　　　　　◄ 花枝　　　　◄ 果枝

宿根花坛植物

19 四季秋海棠 *Begonia semperflorens*

科属 秋海棠科 秋海棠属　　**别名** 蚬肉秋海棠 玻璃翠 四季海棠

形态特征 宿根草本，株高 15～30 cm。茎直立，肉质光滑。叶互生，叶片卵形至广椭圆形，叶色有绿、紫红带紫晕、青铜红色。聚伞花序腋生，花有白、粉、红等色。花期四季，但以春秋二季最盛。

生态习性 原产于南美巴西。我国各地广泛栽培。喜温暖、湿润、半阴的环境；耐寒性较差，忌干燥和积水；适宜疏松、肥沃的土壤。

繁殖方法 播种、扦插、分株繁殖。

花　絮 据说秋海棠与宋代诗人陆游与唐婉的凄美爱情有关。陆游为母所逼与爱妻唐婉分离，唐婉赠送一盆秋海棠给陆游作纪念，陆游请唐婉代管，并将花名改为"相思红"。

▲ 植株

▲ 立体花坛景观

欣赏应用

四季秋海棠株姿秀美，叶色油绿光洁，花朵玲珑娇艳，是模纹花坛及立体花坛的优良材料；也可盆栽观赏。

◀ 花序枝

◀ 花色

▲ 花球景观

▲ 模纹式花坛配置景观

20 丽格秋海棠 *Begonia × biemalis*

科属 秋海棠科 秋海棠属　　　**别名** 丽格海棠 玫瑰海棠

形态特征　宿根草本，株高 20～30 cm。茎肉质，直立，多分枝。叶互生，叶片心形，先端渐尖，边缘有锯齿，多为绿色。花型多样，多为重瓣，花有红、橙、黄、白等色。花期 2～6 月。

生态习性　分布于热带、亚热带地区。我国有栽培。喜湿润、凉爽、通风的环境，不耐高温；适宜疏松、肥沃、微酸性土壤。

繁殖方法　扦插繁殖。

欣赏应用

丽格秋海棠花期长，花色丰富，枝叶翠绿，株型丰满。适宜布置花坛；也多盆栽观赏。

▲ 花序枝

▼ 花丛景观

21 报春花 *Primula malacoides*

科属　报春花科　报春花属　　　　**别名**　小种樱草

形态特征　宿根草本，株高 10～40 cm。叶基生，叶片卵形或矩圆状卵形，边缘具圆齿状浅裂，叶被有白粉。伞形花序 2～6 层，每轮具多朵花，花冠粉红、淡蓝紫色或近白色。蒴果球形。花期 2～4 月；果期 3～6 月。

生态习性　原产于我国。喜温暖、湿润、凉爽、通风的环境；喜半阴，忌炎热干旱；适宜疏松、排水良好、富含腐殖质的土壤。

繁殖方法　播种繁殖。

花　絮　花语为春色满园，初恋，青春，充满希望，渴望自由。

▲ 花序枝

▲ 花丛式花坛景观

🪣 **欣赏应用**

报春花种类繁多，花色鲜艳，花期长，可用作花坛、花境、岩石园栽培，也可盆栽或作切花材料。

▲ 片植景观

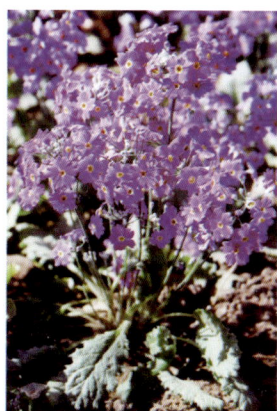

▲ 植株

22 欧洲报春 *Primula polyantha*

科属	报春花科 报春花属	别名	西洋樱草 西洋报春

形态特征 宿根草本，株高15～30 cm。叶基生，叶片倒卵圆形。伞形花序，花有黄、橙、红、紫、蓝、白等色。花期春季。

生态习性 原产于欧洲。我国有栽培。性强健，较耐半阴，忌强光直射；喜凉爽气候，较耐寒；喜富含腐殖质、排水良好的中性土壤。

繁殖方法 播种繁殖。

🪴 欣赏应用

欧洲报春叶片深绿，花朵繁密，花色丰富，是冬季著名的盆栽花卉，可用于布置花坛、岩石园，也多盆栽观赏。

◀ 植株

▲ 花序枝

▲ 丛植景观

23 宿根福禄考 *Phlox paniculata*

科属 花荵科 天蓝绣球属　　　　**别名** 锥花福禄考 天蓝绣球

形态特征 宿根草本，株高 60～120 cm。茎直立，多分枝，有腺毛。下部叶对生，上部叶互生，叶片宽卵形至披针形。聚伞花序顶生，花冠高脚碟状，下部呈细筒状，原种花为玫红色，栽培种花色丰富。花期 6～9 月。

生态习性 原产于北美洲。我国各地多栽培。喜凉爽、阳光充足的环境；不耐寒，忌炎热，不耐干旱，忌水涝；不喜肥力过强的土壤。

繁殖方法 播种繁殖。

花　絮 花语为福禄双至，吉祥如意。

🪣 **欣赏应用**

宿根福禄考花团锦簇，花色丰富，是优良的花坛花卉，适宜布置花坛、花境、岩石园，也可盆栽观赏。

▲ 植株

▲ 宿根花坛植物

▲ 丛植景观

▲ 花序枝

24　随意草　*Physostegia virginiana*

科属　唇形科　随意草属　　　　**别名**　芝麻花　假龙头花

形态特征　多年生草本，株高60～120 cm。茎丛生，稍四棱形。单叶对生，叶片椭圆形至披针形，具锯齿，中绿色。穗状花序顶生，小花唇形，花有深紫、淡紫、粉红、白等色。小坚果。花期7～9月。

生态习性　原产于北美洲。我国有栽培。喜温暖、湿润和阳光充足的环境；较耐寒，忌干燥和强光；适宜疏松、肥沃、排水良好的沙壤土。

繁殖方法　分株、播种繁殖。

🪣 欣赏应用

随意草花型奇特，花色丰富，可用于花坛、草地成片种植，也可盆栽观赏。

▲ 花序枝

▲ 花塔景观

▲ 花丛式花坛景观

▲ 丛植景观

▲ 植株

▲ 带状花坛配置景观

25　香彩雀　*Angelonia salieariifolia*

科属　玄参科　香彩雀属

形态特征　宿根草本，株高 40～80 cm。叶对生或上部互生，叶片披针形或条状披针形。花单生叶腋，花瓣唇形，花冠蓝紫色。蒴果球形。花期 6～9 月，高温地区全年开花。

生态习性　原产于美洲。喜光，喜温暖，耐高温，不耐寒；适宜疏松、肥沃且排水良好的土壤。

繁殖方法　扦插繁殖。

🪣 **欣赏应用**

香彩雀花朵虽小，但花色淡雅，花量大，开花不断，观赏期长，且对炎热高温的气候有极强的适应性，是优良的花坛花卉之一。既可地栽，盆栽，又可容器组合栽植。

▲ 花序枝

▲ 植株

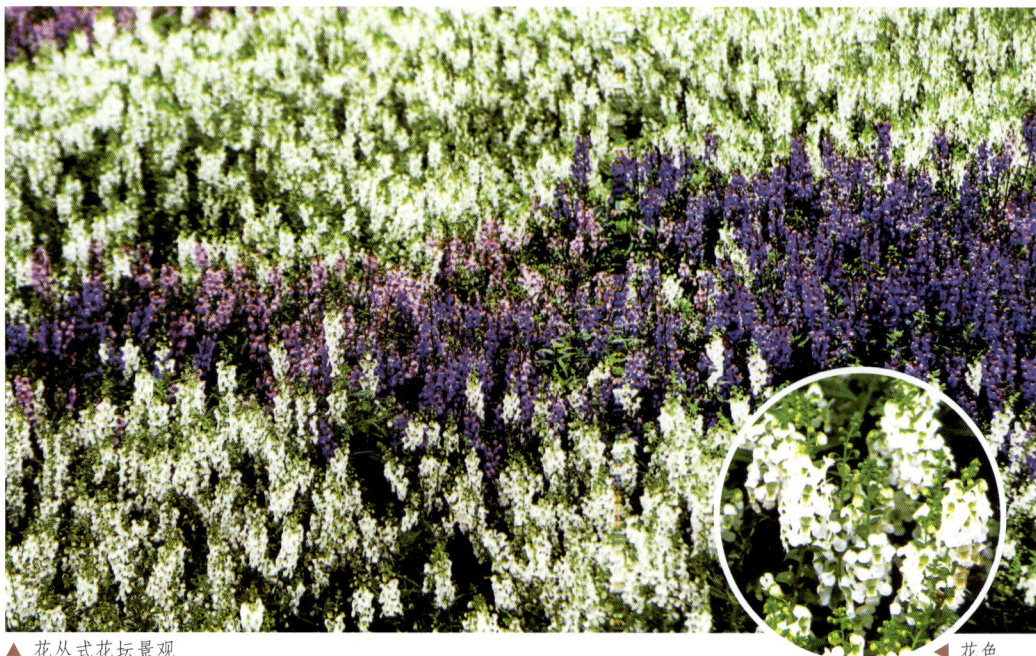
▲ 花丛式花坛景观

◀ 花色

26　华北蓝盆花　*Scabiosa tschiliensis*

科属　川续断科　蓝盆花属　　　　**别名**　山萝卜

形态特征　宿根草本，株高 30～60 cm。茎自基部分枝，具白色卷伏毛。基生叶簇生，叶片卵状披针形；茎生叶对生，羽状浅裂至深裂，裂片卵状披针形。头状花序具长柄，边花花冠二唇形，蓝紫色；中央花筒状，裂片 5，近等长。瘦果椭圆形。花期 7～9 月。

生态习性　原产于我国北方地区。性喜光，耐寒，耐旱；适宜疏松、肥沃、排水良好的土壤。

繁殖方法　播种、分株繁殖。

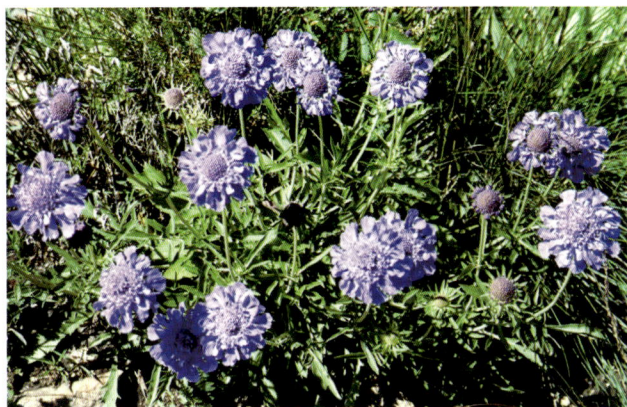

🌿 欣赏应用

华北蓝盆花花大而美丽，色彩鲜艳，是很好的花坛材料，也可作花境、林下地被。

▲ 植株

◀ 花色

▲ 自然花群景观

27　桔　梗　*Platycodon grandiflorus*

科属　桔梗科　桔梗属　　　　**别名**　铃铛花　僧帽花

形态特征　宿根草本，株高 40～90 cm。茎直立，有分枝。叶多为互生，少数对生，近无柄，叶片长卵形，边缘有锯齿。花大，单生于茎顶或数朵生于各分枝的顶端，含苞待放时形如僧帽，花冠钟形，蓝紫色或蓝白色。蒴果倒卵形，花期 6～9 月。

生态习性　原产于我国，各地多栽培。喜阳光充足，湿润、凉爽的环境；耐寒性强，怕积水；适宜排水良好富含腐殖质的沙质壤土。

繁殖方法　播种、分株繁殖。

花　絮　传说，桔梗的朝鲜文叫作"道拉基"。在朝鲜族的民间传说中，道拉基是一位姑娘的名字，当地主抢她抵债时，她的恋人愤怒地砍死地主，结果被关入监牢，姑娘悲痛而死，临终前要求葬在青年砍柴必经的山路上。第二年春天，她的坟上开出了一种紫色的小花，人们叫它"道拉基"。

　　花语为不变的爱，温柔的人，真心，值得尊重，气质高雅，自爱，诚实，柔顺。

欣赏应用

桔梗花色淡雅鲜艳，株形秀丽，常用于花坛、花境、岩石园配置观赏，也常盆栽或作切花观赏。

▲ 植株

▲ 花枝

▲ 果枝

▲ 花色

28 千叶蓍 *Achillea millefolium*

科属 菊科 蓍草属 **别名** 西洋蓍草

形态特征 宿根草本，株高 40～100 cm。茎直立，中上部有分枝，密生白色长柔毛。叶互生，叶片矩圆状披针形，2～3 回羽状深裂至全裂，似许多细小叶片，故有"千叶"之说。头状花序，多数密集成复伞房状，舌状花白色、粉红色或淡红色；管状花黄色。瘦果长圆形。花期 6～8 月。

生态习性 原产于亚欧及北美。我国西北、东北地区有野生。北方各地均有栽培。耐寒、耐旱，适应性较强，对土壤要求不严。

繁殖方法 播种、分株、扦插繁殖。

🌿 **欣赏应用**

千叶蓍花朵繁多、艳丽美观。在园林中多用于花坛、花境布置；有些矮小品种可布置岩石园，亦可群植于林缘形成花带。

▲ 丛植景观

▲ 群植景观

◀ 花序枝　　◀ 植株

宿根花坛植物

29 | 荷兰菊 *Aster novi-belgii*

科属	菊科 紫菀属	别名	纽约紫菀 柳叶菊

形态特征　宿根草本，株高 50～100 cm。茎丛生，多分枝。叶互生，叶片长圆形至线状披针形，光滑，暗绿色。头状花序顶生或在茎顶排成伞房状，花前期蓝紫色或淡紫色，后期变成近白色。瘦果长圆形。花期 8～10 月。

生态习性　原产于北美洲。我国各地均有栽培。喜凉爽及阳光充足、通风良好的环境，耐寒性强；适宜湿润、肥沃、深厚的土壤。

繁殖方法　播种、扦插、分株繁殖。

🪣 欣赏应用

荷兰菊花枝紧密，花朵清新悦目，适于布置花坛、花境等，也可盆栽观赏或作花篮、插花的配花。

▲ 花丛式花坛配置景观

▲ 植株

▲ 带状花坛配置景观

▲ 花枝

30 金光菊 *Rudbeckia laciniata*

科属　菊科　金光菊属　　　　**别名**　太阳菊　黄菊　假向日葵

形态特征　宿根草本，株高 1.5～2.5 m。茎直立，多分枝。叶片较宽，基生叶羽状 5～7 裂；茎生叶 3～5 深裂或浅裂，具少数锯齿。头状花序单生于顶端，舌状花金黄色；管状花黄绿色。瘦果无毛。花期 7～9 月。

生态习性　原产于北美洲。我国黄河以南地区多栽培。喜凉爽、湿润、阳光充足的环境；适应性强，耐寒、耐旱、不耐阴；适宜肥沃、疏松、排水良好的沙质壤土。

繁殖方法　播种、分株、扦插繁殖。

🌿 欣赏应用

金光菊株型较大，盛花期花朵繁多，花期长，可作花坛、花境材料，也是切花、瓶插之精品。

▲ 花枝

▲ 植株

▲ 盆栽

▲ 丛植景观

31 黑 心 菊 *Rudbeckia hirta*

科属 菊科 金光菊属　　**别名** 黑心金光菊　黑眼菊

形态特征 宿根草本，株高 40～90 cm。茎较粗壮，全株被粗硬毛。叶互生，叶片长椭圆形至狭披针形，基生叶 3～5 裂，具粗齿。头状花序，舌状花一轮金黄色，基部暗红色；筒状花暗棕色。瘦果，四棱形。花期 5～9 月。

生态习性 原产于北美洲。我国各地庭园常见栽培。适应性很强，喜向阳通风的环境，较耐寒，很耐旱，不择土壤。

繁殖方法 播种、扦插、分株繁殖。

🌿 **欣赏应用**

黑心菊花朵繁盛，金黄亮丽。矮生品种适合作花坛，高型品种可作庭院布置及花境材料，或成片自然式栽植。

▲ 植株

▲ 片植景观

◀ 花色

32 大花金鸡菊 *Coreopsis grandiflora*

科属　菊科　金鸡菊属

形态特征　宿根草本，株高 30～60 cm。茎直立，多分枝。叶 1～2 回羽状裂，裂片圆形至长圆形，上部叶呈线形。头状花序顶生，舌状花黄色，基部褐紫色；筒状花深紫色。花期 5～10 月。

生态习性　原产于北美洲。我国有栽培。喜光，有一定耐寒力，喜凉爽，忌暑热；耐干旱和瘠薄，对二氧化硫有较强的抗性。

繁殖方法　播种繁殖。

🪣 欣赏应用

大花金鸡菊花叶繁茂，花色金黄，适合花坛、路边、草地边缘或庭院栽培观赏。

◀ 花枝

▲ 植株

▲ 丛植景观

宿根花坛植物

33 | 宿根天人菊 *Gaillardia aristata*

科属 菊科 天人菊属　　　　**别名** 大天人菊

形态特征 宿根草本，株高 20～60 cm。茎中部以上多分枝，全株被柔毛。叶互生，叶片披针形、矩圆形至匙形，全缘或基部叶羽裂。头状花序顶生，舌状花先端黄色，基部红褐色；管状花尖端呈芒状，紫色。瘦果。花期 6～10 月。

生态习性 原产于北美洲。我国中、南部地区广为栽培。耐干旱，较耐寒，喜阳光，也耐半阴；适宜排水良好的疏松土壤。

繁殖方法 播种、扦插、分株繁殖。

花　絮 花语为团结，一直协力。

🪴 **欣赏应用**

宿根天人菊花姿娇娆，色彩艳丽，花期长，栽培管理简单，可作花坛、花丛材料，也是很好的沙地绿化、美化植物材料。

▲ 植株

▲ 丛植景观　　　　　　　　　　　　　　　◀ 花枝

34 菊 花 *Chrysanthemum morifolium*

科属 菊科 菊属　　　　**别名** 黄花 秋菊 鞠

形态特征 多年生草本，株高 60～150 cm。茎直立，多分枝，被柔毛。单叶互生，叶片卵形至披针形，羽状浅裂至深裂，缘有锯齿。头状花序单生或数个集生茎枝顶端。舌状花为雌性花，多具有鲜明的颜色；管状花为两性花，多黄色或黄绿色。瘦果。花期 10～12 月。园林中作花坛应用的主要为"小菊"，即花径＜6 cm 的小型菊花品种。

◀ 花枝

▲ 小菊花枝

生态习性 原产于我国，各地广泛栽培。喜阳光充足和凉爽气候，较耐寒；适宜疏松、肥沃、排水良好的沙质土壤；怕连作，忌积水。

繁殖方法 扦插、分株、嫁接繁殖。

花絮 [唐]·黄巢《不第后赋菊》："待到秋来九月八，我花开后百花杀。冲天香阵透长安，满城尽带黄金甲。"

花语为飘逸，独立寒秋，不畏风霜，孤傲不惧。

▲ 模纹式花坛配置景观

宿根花坛植物

欣赏应用

菊花花型多样，花色丰富，可整枝造型，常用来布置花坛、花境、岩石园等，也多盆栽和作切花材料。

▲ 造型花坛景观

▲ 带状花坛配置景观

35 银叶菊 *Senecio cineraria*

科属 菊科 千里光属 **别名** 细裂银叶菊 雪叶莲 雪叶菊

形态特征 宿根草本,株高20~40 cm。茎直立,多分枝,全株被白色绒毛。叶片长圆形,羽状深裂,被白色绒毛,呈银灰色。头状花序成紧密伞房状,花黄色。花期春夏季。

生态习性 原产于美洲。我国较广泛栽培。喜凉爽、湿润和阳光充足环境;较耐寒,忌高湿、干旱和积水;适宜疏松、肥沃、排水良好的沙质土壤。

繁殖方法 扦插、播种繁殖。

🌱 **欣赏应用**

银叶菊叶色银白,如雪似云。常用作大型花坛、花境配色或镶边,效果突出,还可盆栽观赏。

▲ 盆花群景观

▲ 盆花群景观

宿根花坛植物

▲ 叶枝

▲ 植株

◀ 立体花坛景观

▲ 立体花坛景观

▲ 模纹式花坛配置景观

36 紫松果菊 *Echinacea purpurea*

科属 菊科 松果菊属 　　**别名** 紫锥菊

形态特征 宿根草本，株高 60～150 cm。茎直立，分枝少。基生叶卵圆形或三角形；茎生叶卵状披针形，叶柄基部稍抱茎。头状花序单生于枝顶，舌状花紫红色；管状花突起似松果，橙黄色。花期 6～7 月。

生态习性 原产于北美洲。我国有栽培。稍耐寒，喜生于阳光充足温暖的环境；适宜肥沃、深厚、富含腐殖质的土壤。

繁殖方法 播种、分株繁殖。

欣赏应用

紫松果菊花茎挺拔，花形奇特有趣。适作花坛、花境、坡地材料；也可作切花。

植株 ▶

▲ 丛植景观

▲ 群植景观

宿根花坛植物

37 非洲菊 *Gerbera jamesonii*

科属 菊科 大丁草属　　　**别名** 扶郎花 灯盏花

形态特征 宿根草本，株高 30～45 cm。茎直立，全株被细毛。基生叶丛状，叶片长椭圆状披针形，有深浅不一的羽状裂，深绿色。头状花序顶生，舌状花条状披针形，1～2 轮或多轮，花单瓣或重瓣，有黄、橙、红、粉、乳白等色；管状花小，常与舌状花同色。花期四季，以春秋为盛。

生态习性 原产于南非。我国较广泛栽培。喜冬暖夏凉、空气流通、阳光充足的环境；不耐寒，耐热；适宜肥沃、疏松、排水良好的微酸性土壤。

繁殖方法 播种、分株、扦插繁殖。

🌿 欣赏应用

非洲菊花朵硕大，花枝挺拔，花色艳丽，为世界著名五大切花之一，可用于布置花坛、花境或树丛，草地边缘丛植，也可盆栽观赏。

▲ 岸边盆花群景观

▲ 花枝　　　　　　　　▲ 花色　　　　　　　　▲ 植株

38　丽蚌草　*Arrhenatherum elatius* var. *bulbosum* 'Variegatum'

科属　禾本科　燕麦草属　　　**别名**　银边草　玉带草　花叶燕麦草

形态特征　宿根草本，株高 20～50 cm。茎簇生，细长而光滑。叶丛生，叶片线形，叶面绿色间有白色或黄色条纵纹，叶缘白色。圆锥花序，具长梗，有分枝。花期 6～7 月。

生态习性　原产于欧洲和北美洲。我国华北及辽宁有栽培。性强健，耐寒，耐旱，喜凉爽，忌炎热；喜阳光充足，也耐阴；喜湿润，忌水涝；对土壤要求不严。

繁殖方法　分株繁殖。

欣赏应用

丽蚌草叶色美丽清新，成片栽植呈白绿色调。园林中常作花坛、花境镶边材料，也可用于草坪路边丛植，还可盆栽观赏。

◀ 叶枝

▲ 花序枝

▲ 植株

▲ 花丛式花坛景观

宿根花坛植物

39 | 斑叶芒　*Miscanthus sinensis* 'Zebrinus'

科属　禾本科　芒草属

形态特征　宿根草本，株高
1.2 m。丛生状。叶片长线形，
下面疏生柔毛并被白粉，具
黄白色环状斑，斑纹横截叶
面。圆锥花序扇形，小穗成
对着生，具芒，秋季形成白
色大花序。花期 8～10 月。

生态习性　国外引进品种，
我国华北以南地区有栽培。
喜光，耐半阴，性强健，抗
性强。

繁殖方法　分株繁殖。

🌿 **欣赏应用**

斑叶芒叶色斑斓，园林中可
用于花坛、花境，或作草坪
及地被观赏。

▲ 植株

▲ 叶枝

▲ 盆栽

40　花叶芒　*Miscanthus sinensis* 'Variegatus'

科属　禾本科　芒属

形态特征　宿根草本，株高 1.5～1.8 m。叶片呈拱形向地面弯曲，呈喷泉状，浅绿色，有奶白色条纹。圆锥花序顶生，红褐色。花期 9～10 月。

生态习性　原产于欧洲地中海地区。我国华北地区以南有栽培。喜光，耐半阴；耐寒，耐旱，也耐涝；适应性强，不择土壤。

繁殖方法　分株繁殖。

🪣 欣赏应用

花叶芒枝叶秀丽，可用于花坛、花境、岩石园配置，也可作假山、湖边的背景材料。

▲ 植株

▲ 花序枝　　　　　　　▲ 盆栽

宿根花坛植物

41 | 条纹小蚌兰 *Rhoeo spathaceo* 'Dwarf Variegata'

科属　鸭跖草科　紫背万年青属

形态特征　宿根常绿草本，株高 20～30 cm。叶簇生于短茎上，叶面绿色，具白色条纹，叶背紫色。伞形花序腋生，苞片蚌状，花白色。蒴果。花期 7～10 月。

生态习性　原产于墨西哥。我国有栽培。喜温暖、湿润、阳光充足，耐半阴；要求疏松、肥沃的土壤。

繁殖方法　分株、扦插、压条繁殖。

🪣 欣赏应用

条纹小蚌兰叶色清秀，花色淡雅，适合花坛栽植，庭院美化或盆栽。

▲ 叶枝

▲ 植株

▲ 花丛式花坛配置景观

42　紫露草　*Tradescantia reflexa*

科属　鸭跖草科　紫露草属

形态特征　多年生草本，株高30～50 cm。茎直立，簇生，绿色。单叶互生，叶片线形，淡绿色，多弯曲。花多朵簇生于枝顶，成伞形，花瓣3，蓝紫色。蒴果椭圆形。花期5～7月。

生态习性　原产于北美洲。我国各地均有栽培。喜阳光充足，也耐阴；喜温暖、湿润环境，较耐寒；适宜疏松、肥沃、排水透气的土壤。

繁殖方法　扦插、分株繁殖。

欣赏应用

紫露草株形奇特秀美，具有十足的野趣。多用于花坛、道路两侧丛植，也可盆栽观赏。

▲ 植株

▲ 花枝

▲ 片植景观

宿根花坛植物

43 | 吊 竹 梅 *Zebrina pendula*

科属 鸭跖草科 吊竹梅属　　**别名** 吊竹草　吊竹兰　斑叶鸭跖草

形态特征　宿根草本，株高 25～50 cm。茎匍匐或悬垂，多分枝。单叶互生，叶片椭圆状卵形，全缘，叶面紫绿色，杂以银白色条纹，叶背紫红色。花小，花数朵聚生于小枝顶部的 2 片叶状苞片内，紫红色。蒴果近球形。花期春、夏季。

生态习性　原产于墨西哥。我国各地广泛栽培。喜温暖、湿润和半阴的环境；耐水湿，不耐寒，忌强光和高温。

繁殖方法　分株、扦插、压条繁殖。

🪴 欣赏应用

吊竹梅枝叶匍匐悬垂，叶色紫、绿、银色相间，光彩夺目，是极好的观叶地被，可成片用于城市广场，公园绿地，或用于花坛布置，也可盆栽垂吊观赏。

▲ 植株

▲ 叶枝　　　　　▲ 垂吊装饰景观

44 天冬草 *Asparagus densiflorus*

| 科属 | 百合科　天门冬属 | 别名 | 非洲天门冬　天门冬 |

形态特征　宿根蔓生草本，茎长1 m。茎丛生，蔓生，多分枝。叶状枝常3枚（有时1～5枚），簇生扁平，条形，茎上的鳞片状叶基部具长硬刺，分枝上无刺。总状花序，常具十几朵花，花白色。浆果球形，鲜红色。花期6～8月；果期9～10月。

生态习性　原产于非洲南部。我国各地均有栽培。喜温暖、湿润及阳光充足；不耐寒，不耐旱，忌水涝；要求疏松、肥沃、排水良好的沙质壤土。

繁殖方法　播种、分株繁殖。

花　絮　花语为粗中有细，气宇轩昂，能细心体贴人。

🪴 欣赏应用

天冬草枝叶翠绿，白花红果，常用作花坛镶边，可盆栽室内观赏，也是花束很好的配叶材料。

▲ 植株

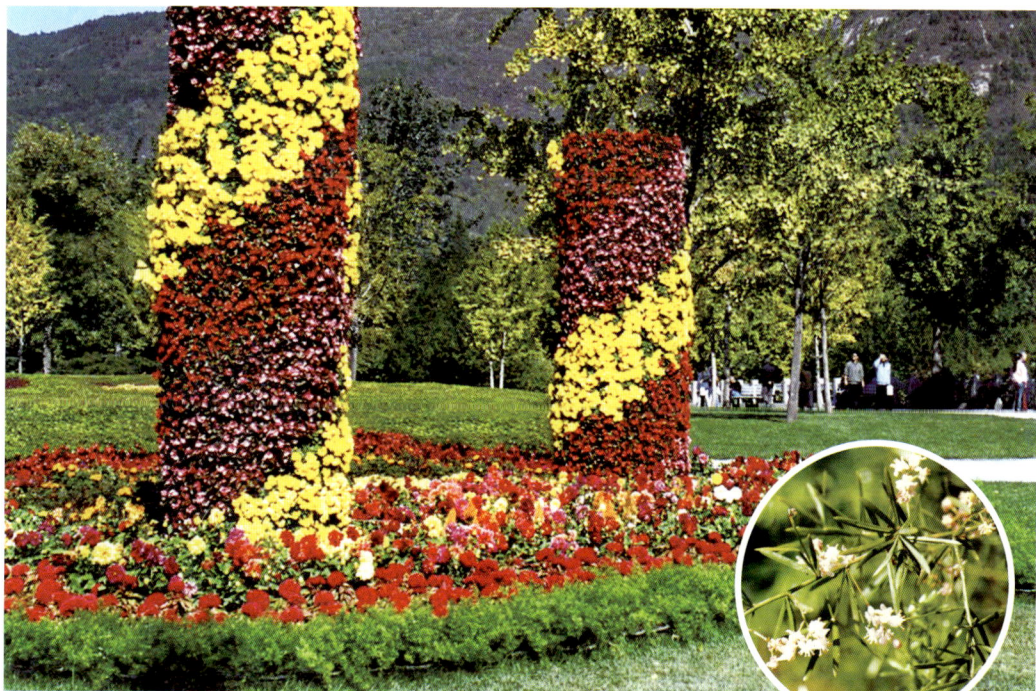

▲ 花坛镶边景观

◀ 花序枝

宿根花坛植物

45 | 蜘蛛抱蛋 *Aspidistra elatior*

科属 百合科 蜘蛛抱蛋属　　**别名** 一叶兰

形态特征　宿根常绿草本。单叶基生，长椭圆形，边缘多皱波状，两面绿色。花单生，钟状，初开绿色后紫黄色。蒴果球形。花期 4～5 月；果期 6～8 月。

生态习性　原产于我国，南方各地多栽培。喜温暖、湿润、半阴环境，不耐寒，不择土壤。

繁殖方法　分株繁殖。

🪣 欣赏应用

蜘蛛抱蛋叶形清秀，叶色浓绿光亮，姿态优美，长势强健，适应性强，可作背阴处花坛，林下地被，也是室内绿化装饰材料。

▲ 丛植景观

▲ 植株

▲ 丛植景观

46 大花萱草 *Hemerocallis × hybrida*

科属 百合科 萱草属

形态特征 宿根草本，株高 60~100 cm。叶基生，叶片宽线形，对排成两列，嫩绿色。聚伞花序，花大，漏斗形，单瓣或重瓣，花色有红、橙红、桃红、粉红、淡绿、黄、紫、双色等。蒴果。花期 6~8 月。

生态习性 原产于我国南部，各地多有栽培。喜温暖、湿润、阳光充足的环境；耐寒，耐旱；适宜富含腐殖质、排水良好的沙质土壤。

繁殖方法 分株、播种繁殖。

花　絮 萱草在《诗经》里有它的典故，相传，一女子思念远征沙场的丈夫，在水塘边种植以排解自己的忧思，于是萱草又被称为忘忧草。

🪣 **欣赏应用**

大花萱草花色鲜艳，花期长，栽培容易。适用于花坛、花境、林间草地和坡地丛植，也是切花材料。

▲ 植株

宿根花坛植物

▲ 花丛式花坛景观

◀ 花枝

47 金娃娃萱草 *Hemerocallis fulva* 'Golden Doll'

科属　百合科　萱草属

形态特征　宿根草本，株高 30 cm。叶基生叶片条形，排成两列，螺旋状聚伞花序，有花 7 ～ 10 朵，花冠漏斗形，金黄色。蒴果，钝三角形。花期 5 ～ 11 月。

生态习性　金娃娃萱草是从萱草多倍体杂交种中选育的矮型优良品种，从美国引入，现我国各地多有栽培。喜阳光、温暖、湿润与半阴的环境；对土壤适应性强，但以土壤深厚、富含腐殖质、排水良好的沙质壤土为好。

繁殖方法　播种、组织培养、分株繁殖。

花枝 ▶

🌿 **欣赏应用**

金娃娃萱草植株矮小整齐，花期长。在园林绿化中主要用作花坛、花境、地被植物栽培观赏。

▲ 植株

▲ 带状花坛景观

48 火炬花 *Kniphofia uvaria*

科属 百合科 火炬花属 　　**别名** 火把莲

形态特征 宿根草本，株高 80～120 cm。叶丛生，叶片宽线形，灰绿色。总状花序顶生，有小花130～250 朵，圆筒形，顶部花深红色，下部花黄色。蒴果。花期夏季。

生态习性 原产于南非。我国有栽培。喜温暖、湿润，阳光充足环境，较耐寒；适宜土层深厚、肥沃及排水良好的沙质壤土。

繁殖方法 播种、分株繁殖。

花　絮 火炬花原产于南非，相传是南非一位舍命拯救家园的少女化身而成，当地土著人称火炬花为"闪光的少女"。

　　花语为热情，光明，有干劲，不灭的正义。

🪴 欣赏应用

火炬花高高擎起火炬般的花序，壮丽可观。适合公园、绿地、花坛、花境等栽培观赏；也可盆栽观赏。

▲ 植株

▲ 丛植景观 　　◀ 花序枝

宿根花坛植物

49 沿阶草 *Ophiopogon japonicus*

科属 百合科 沿阶草属 **别名** 麦冬 绣墩草 书带草

形态特征 宿根草本。叶基生成丛，线形，边缘具细锯齿。花葶较叶稍短，总状花序，具几朵至十几朵花，花白色或稍带紫色。浆果球形，碧蓝色。花期6～8月；果期8～10月。

生态习性 原产于我国，现各地广泛栽培。喜湿润、半阴环境；较耐寒，不耐盐碱、干旱，忌水涝；喜腐殖质丰富、排水良好的沙壤土。

繁殖方法 分株、播种繁殖。

🌿 **欣赏应用**

沿阶草终年常绿，文雅又秀气，有书香之气质，所以也有"书带草"的雅号。常用作花坛镶边及林缘、路边、山石边、水岸边绿化，以冬季少见的蓝果，给人以无限的情趣。

▲ 花序枝

▲ 花丛式花坛景观

◀ 植株

▲ 果序枝

◀ 游步道镶边景观

▲ 群植景观

宿根花坛植物

50 射干 *Belamcanda chinensis*

科属 鸢尾科 射干属 　　**别名** 扁竹兰 蚂螂花

形态特征 宿根草本，株高 50 ~ 100 cm。具粗壮的根状茎。叶 2 列互生，叶片剑形，扁平，绿色，常带白粉。二岐伞房花序顶生，叉状分枝，每分枝上着花数朵，花橙红色，上有紫褐色斑点。蒴果长椭圆形。花期 7 ~ 8 月；果期 8 ~ 10 月。

生态习性 原产于我国、朝鲜、日本。我国各地多栽培。性强健，喜阳光充足、干燥环境，耐寒力强；适宜肥沃疏松、排水良好中等肥力的沙质壤土。

繁殖方法 播种、分株繁殖。

🪴 **欣赏应用**

射干花姿清雅飘逸，常用作基础栽培或花坛、花境的配置材料，也可盆栽或作切花。

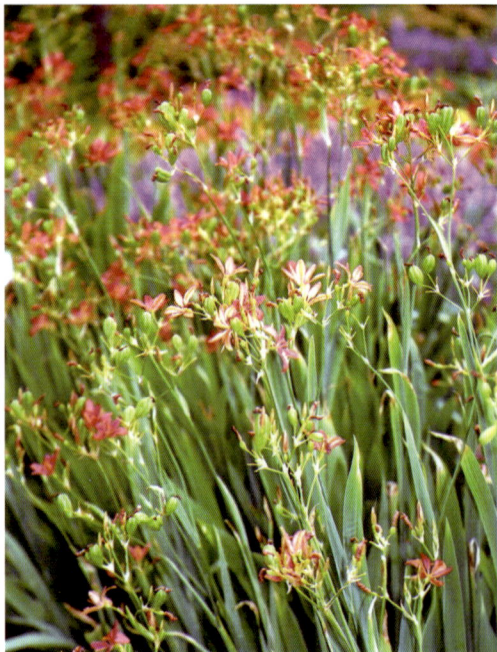

▲ 植株

▲ 带状花坛景观　　　　　　　　　　　◀ 花序枝　　　　◀ 果序枝

51 马蔺 *Iris lactea* var. *chinensis*

科属 鸢尾科 鸢尾属　　**别名** 马莲

形态特征 宿根草本。叶丛生，叶片狭线形，平滑无毛，基部具纤维状老叶鞘，叶下部带紫色。花葶与叶近等高，着花1~3朵，花被片6枚，蓝色。蒴果长椭圆状柱形。花期5~6月；果期6~9月。

生态习性 原产于我国，现各地有栽培。喜阳光充足，也耐半阴；耐热、耐旱，也耐寒；喜生于湿润的土壤至浅水中。

繁殖方法 分株、播种繁殖。

欣赏应用

马蔺叶丛细密，花朵秀丽。适于作花坛、花境、地被、镶边或岩石园配置等。

▲ 植株

▲ 带状花坛景观　　◀ 果枝　　◀ 花序枝

宿根花坛植物

52　德国鸢尾　*Iris germanica*

科属　鸢尾科　鸢尾属

形态特征　宿根草本，株高 60 ～ 90 cm。根状茎粗壮而肥厚，常分枝。叶两列状排列，剑形，淡绿色，常具白粉。花葶自叶丛抽出，高出叶面，着花 3 ～ 8 朵，花色有白、黄、淡蓝、淡紫及红紫等色。蒴果。花期 5 ～ 6 月；果期 6 ～ 7 月。

生态习性　原产于欧洲中部。我国各地有栽培。喜阳光充足环境，耐寒性强；适宜湿润、排水良好的石灰质土壤。

繁殖方法　播种、分株繁殖。

🦢 **欣赏应用**

德国鸢尾花朵硕大，色彩幽雅，花色变化大。适用于花坛、花境布置；也可盆栽观赏，或作切花材料。

▲ 植株

▲ 花丛式花坛景观　　◀ 花枝

53 鸢 尾 *Iris tectorum*

科属 鸢尾科 鸢尾属 **别名** 蓝蝴蝶 扁珍花

形态特征 宿根草本，株高 30～50 cm。根状茎短、粗壮。叶基生，剑状线形，淡绿色。花葶单一或二分枝，每分枝茎顶有花 2～3 朵，花冠蓝紫色。蒴果。花期 4～5 月；果期 6～8 月。

生态习性 原产于我国，适合长江流域地区栽培。喜温暖、湿润、阳光充足的环境；耐寒，稍耐阴和干旱；适宜肥沃、微酸性的壤土。

繁殖方法 播种、分株繁殖。

花 絮 法国人视鸢尾花为国花。在法国，鸢尾是光明和自由的象征。

花语为音信，好消息，使者，想念你，爱的信息，生活更美好。

🪴 欣赏应用

鸢尾叶片碧绿青翠，花型奇特，宛若翩翩彩蝶，是庭园中的重要花坛花卉之一，也是优美的盆花、切花材料。

▲ 花带景观

▲ 丛植景观

宿根花坛植物

▲ 植株

▲ 花枝

▲ 果枝

▲ 花丛式花坛景观

54 地涌金莲 *Musella lasiocarpa*

科属 芭蕉科 地涌金莲属　　　**别名** 地金莲　地涌莲

形态特征 宿根草本，株高 60 ~ 70 cm。植株丛生，地上部分为假茎，另具水平生长的匍匐茎。基部有宿存的叶鞘，叶片长椭圆形，浓绿色，形似芭蕉叶，开花时叶枯萎。花序从假鳞茎中抽出，黄色大苞片在花序上呈莲座状着生，苞片内小花二列状簇生，花序下部为雌花，上部为雄花；花被稍带淡紫色，味清香。浆果多毛。花期 2 ~ 11 月。

生态习性 原产于我国云南，为中国特有种。喜温暖，不耐寒；喜阳光充足；适宜疏松、肥沃、排水良好的土壤。

繁殖方法 分株繁殖。

花　絮 传说，佛祖诞生之时每走一步足下都会生出金光灿灿的金莲花，说的就是地涌金莲。地涌金莲是"五树六花"之一，是佛经中规定寺院里必须种植的花卉。

🪴 **欣赏应用**

地涌金莲花期长，花形奇特，苞片金黄。可栽植于花坛中心，也可以与山石配置成景或植于窗前，角隅。

▲ 植株

▲ 花序枝

▲ 丛植景观

宿根花坛植物

55 花叶艳山姜 *Alpinia zerumbet* 'Variegata'

科属 姜科 山姜属　　**别名** 花叶良姜 彩叶姜 斑纹月桃

形态特征 宿根常绿草本，株高 1～2 m。叶革质具鞘，叶片短圆状披针形，叶面深绿色，并有金黄色的纵斑纹、斑块，富有光泽。圆锥花序下垂，苞片白色，边缘黄色，顶端及基部粉红色，花萼近钟形，花冠白色。蒴果。花期夏季。

生态习性 原产于亚洲热带地区。我国南方各地均有栽培。喜高温、多湿环境；喜阳光，稍耐阴，不耐寒；适宜肥沃而保湿性好的壤土。

繁殖方法 分株繁殖。

🌿 **欣赏应用**

花叶艳山姜叶色秀丽，挺拔潇洒，可用于花坛、花境配置；也可盆栽观赏。

▲ 叶枝

▲ 丛植景观

▲ 花序枝

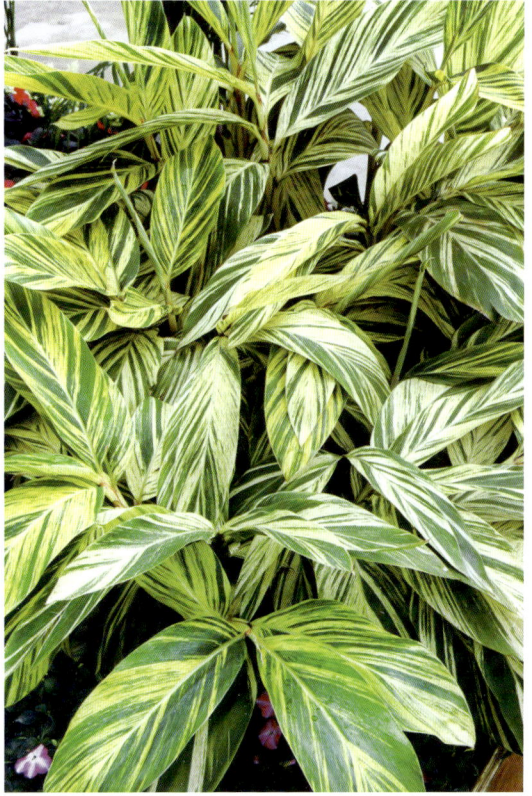

▲ 植株

宿根花坛植物

▲ 篱植景观

球根花坛植物

1 白头翁 *Pulsatilla chinensis*

科属 毛茛科 白头翁属　　　**别名** 老公花 毛菇朵花

形态特征 球根草本，株高 20～40 cm。全株被白色长柔毛。基生叶4～5枚，三出复叶，具长柄；顶生叶宽卵形，3深裂；侧生叶倒卵形。花葶自叶丛中央抽出，顶端着花1朵，花瓣状，蓝紫色。聚合果。花期4～5月；果期6～7月。

生态习性 原产于我国北部及东部，各地有栽培。喜凉爽、半阴，耐寒性较强，忌酷热；适宜排水良好的沙质壤土，不耐碱和低湿地。

繁殖方法 播种或分割根茎繁殖。

花　絮 花语为命运，坚忍，追随，我爱你。

🪴 **欣赏应用**

白头翁花大美丽，果期羽毛状花柱宿存，极为别致。在园林中可用于布置花坛、花带或点缀于林间空地；也是理想的地被植物。

▲ 植株

▲ 丛植景观

◀ 花枝

2 | 花 毛 茛 *Ranunculus asiaticus*

科属 毛茛科 毛茛属　　　　**别名** 芹菜花 陆莲花 波斯毛茛

形态特征 球根草本，株高 20～40 cm。块根纺锤形。基生叶三浅裂或 3 深裂，裂片倒卵形；茎生叶无柄，为 2～3 回羽状复叶。花单生或数朵顶生，花有重瓣、半重瓣，花色有白、粉、黄、红、紫等色。花期 4～5 月。

生态习性 原产于欧洲东部和亚洲西南部。我国各地有栽培。喜阳光充足的环境和冷凉的气候，不耐寒；适宜疏松、肥沃、排水良好的中性或偏碱性土壤。

繁殖方法 播种、分株繁殖。

🌿 欣赏应用

花毛茛花朵雍容华丽，鲜艳夺目。多用于布置花坛、花境或作地被栽培，也适合盆栽或作切花材料。

▲ 植株

▲ 花色

▲ 花枝

▲ 群植景观

球根花坛植物

3 球根秋海棠　*Begonia tuberhybrida*

科属　秋海棠科　秋海棠属　　　**别名**　茶花海棠

形态特征　球根草本，株高 30 cm。块茎呈不规则扁球形。茎肉质，直立、有毛。叶互生，叶片为不规则心形，先端锐尖，基部偏斜，绿色。聚伞花序腋生，花有单瓣、半重瓣和重瓣，花色丰富，有红、白、黄、粉、橙等色。花期夏季。

生态习性　原产于秘鲁和玻利维亚的几种秋海棠杂交而成的品种。我国西南地区多栽培。喜温暖、湿润和半阴的环境；不耐寒，忌高温，怕积水；适宜肥沃、疏松和排水良好的沙质壤土。

繁殖方法　播种、扦插繁殖。

🪴 欣赏应用

球根秋海棠花大色艳，兼具茶花、牡丹、月季、香石竹等名贵花卉的姿、色、香，是世界著名的盆栽花卉。除盆栽观赏外，在温暖地区可布置花坛，美化庭院等。

▲ 花色

▲ 花枝

▲ 花色

▲ 植株

4 | 大丽花 *Dahlia pinnata*

科属 菊科　大丽花属　　　　**别名** 大理花　大丽菊　西番莲

形态特征 球根草本，株高 50～150 cm。具肥大肉质块根。茎直立，多分枝。叶对生，1～3 回羽状深裂，裂片卵形或长圆状卵形，中绿至深绿色。头状花序顶生，花型多样，外围为舌状花，单性，有红、黄、紫、橙、白及复色；中央为筒状花，两性，多为黄色。瘦果长椭圆形。花期 6～10 月。

生态习性 原产于墨西哥。我国各地广泛栽培。喜温暖、湿润、阳光充足的环境；喜夏季凉爽，不耐干旱，怕积水；适宜肥沃、排水良好的沙壤土。

繁殖方法 播种、扦插、分株繁殖。

花　絮 花语为华丽，优雅，美丽，喜悦，多情，感谢。大红色：热诚而有魄力，你的爱使得我得到幸福。紫色：有勇气，有毅力，喜欢浪漫。粉红色：富有幻想和生命力，重感情，心中充满喜悦。金黄色：表示毅力，有福气。橙色：表示祝福，生活能够甜美快来。

🌿 **欣赏应用**

大丽花花大而艳丽，是我国常见的庭园花卉。适宜花坛、花境、路边、草地边缘种植，还可作盆栽或切花材料。

▲ 花色

▲ 花丛式花坛景观　　　　　　　　　　　　　　　　　　　▲ 花色

球根花坛植物

▲ 植株

▲ 花枝

▲ 花色

▲ 花丛式花坛景观

5 郁金香 *Tulipa gesneriana*

科属 百合科 郁金香属　　**别名** 洋荷花 草麝香 郁香

形态特征 球根草本，株高 40～50 cm。鳞茎扁圆锥形，具棕褐色外皮，茎叶光滑具白粉。叶基生，3～5 枚，叶片披针形或卵状披针形，中绿色。花单生茎顶，初时杯状，开放时星星状。花有单瓣或重瓣，花色有白、粉红、洋红、紫、褐、黄、橙等，深浅不一，单色或复色。蒴果。花期 3～5 月。

生态习性 原产于地中海沿岸、伊朗、中国新疆。我国广泛栽培。喜光，也耐半阴；喜凉爽湿润，极耐寒；怕高温，忌积水和干旱；要求腐殖质丰富、疏松肥沃、排水良好的微酸性沙质壤土。

繁殖方法 分球繁殖。

花絮 提到郁金香人们一定会想到郁金香王国——荷兰，荷兰素有"西欧花园"的美称，尤以郁金香最著名。17 世纪时，荷兰人认为："轻视鲜花就是冒犯上帝，而郁金香是所有花中最美丽的花，谁轻视郁金香，谁就犯了弥天大罪。"1673 年 5 月 15 日，荷兰把这一日定为荷兰人举国欢庆的"郁金香"节。

花语为胜利，美好，神圣，幸福，有"迷人的酒杯"的美称。

🌱 欣赏应用

郁金香优雅华贵，花大色艳，品种繁多，有"世界花后"的美誉，为著名的球根花卉。在园林中多用于布置花坛、花境或庭院栽培；中、矮生品种可盆栽观赏。

群植景观 ▶

球根花坛植物

▲ 花丛式花坛景观

▲ 盆花群景观

▲ 植株

▲ 花色

▲ 花枝

▲ 花丛式花坛景观

6 毛百合 *Lilium dauricum*

科属 百合科 百合属　　别名 兴安百合

形态特征 球根花卉，株高 50 ~ 70 cm。无皮鳞茎球形，鳞片有节或无节。叶散生，茎顶端有 4 ~ 5 枚叶片轮生。花单生或 2 ~ 6 朵顶生，直立向上呈杯状，橙红色或红色，从中央到底部有淡紫色小斑点。蒴果矩圆形。花期 6 ~ 7 月；果期 8 ~ 9 月。

生态习性 原产于我国大兴安岭一带，北方地区有栽培；性强健，耐寒力强，适宜微酸性土壤。

繁殖方法 播种、分球、扦插繁殖。

欣赏应用

毛百合植株粗壮，花大色艳。可作花坛、花境配置，也可植于林缘或岩石园；或作切花。

▲ 植株

▲ 花序枝　　◀ 花朵

球根花坛植物

7 索邦百合 *Lilium hybridum* 'Sorbonne'

科属 百合科 百合属

形态特征 球根草本，株高 80 ~ 100 cm。无皮鳞茎扁球形。叶较狭长，呈披针形，亮绿有光泽。花呈粉红色，边缘具狭窄白色，红色乳突分布于花瓣中部以下，芳香。花期 6 ~ 7 月。

生态习性 为东方百合品种群的品种之一。我国有栽培。喜阳光充足、凉爽、湿润的环境；适宜土层深厚、肥沃、排水良好、富含腐殖质的沙壤土。

繁殖方法 分球、扦插繁殖。

欣赏应用

索邦百合花朵美丽，可作花坛、花境配置或丛植、片植于园林、绿地中美化环境，为重要的切花材料。

▲ 丛植景观

▲ 植株

▼ 花丛式花坛配置景观

8 风 信 子　*Hyacinthus orientalis*

科属　百合科　风信子属　　　　**别名**　洋水仙　五色水仙

形态特征　球根草本，株高 20～30 cm。鳞茎卵形。叶基生，叶片带状，肥厚，绿色有光泽。总状花序顶生，花筒状钟形，单瓣或重瓣，有紫、玫瑰红、粉红、黄、白、蓝等色，芳香。蒴果。花期 3～4 月。

生态习性　原产于南欧、地中海东部沿岸及小亚细亚。我国有栽培。喜凉爽、湿润和阳光充足的环境，怕强光，不耐寒；适宜疏松、肥沃的沙质土壤。

繁殖方法　分球繁殖。

花　絮　花语为胜利，竞技，悲哀，永远的怀念。不同花色的风信子有不同的花语，但都和爱有关。6 种以上不同花色的品种搭配送给异性朋友，表示"和你在一起，生命显得更缤纷"。

🪴 欣赏应用

风信子植株低矮整齐，花序端庄，花色丰富，是早春开花的著名球根花卉之一。适于布置花坛、花境和花槽；也可作切花、盆栽或水养观赏。

▲ 丛植景观

▲ 花丛式花坛景观

◀ 花序枝

9 | 葡萄风信子 *Muscari botryoides*

科属 百合科 蓝壶花属　　**别名** 葡萄百合 蓝壶花

形态特征 球根草本，株高 15 ～ 40 cm。鳞茎卵圆形，皮膜白色。叶基生，叶片线形，稍肉质，暗绿色，边缘常内卷。花茎自叶丛中抽出，总状花序顶生，小花多数密生而下垂，花篮色或顶端白色。蒴果。花期 3 ～ 5 月。

生态习性 原产于欧洲南部。我国有栽培。喜光，也耐半阴；喜凉爽，较耐寒；适宜疏松、肥沃、排水良好的沙质壤土。

繁殖方法 播种、分球繁殖。

🌿 欣赏应用

葡萄风信子植株娇小可爱，花色碧蓝，花期早。适宜布置早春花坛、花境、岩石园或植于草坪边缘；还可盆栽观赏。

▲ 植株

▲ 群植景观　　◀ 花序枝

10 六出花 *Alstroemeria aurantiaca*

科属 石蒜科 六出花属   **别名** 秘鲁百合

形态特征 球根草本，株高 50～100 cm。地下为横生肉质根茎，地上茎直立挺拔。叶互生，叶片披针形，表面亮绿色。伞形花序顶生，花小而多，喇叭形，橙黄色或黄色，内轮具深红色条纹。花期夏季。

生态习性 原产于南美洲。我国有栽培。喜温暖、湿润和阳光充足环境；夏季需凉爽，怕炎热，耐半阴，不耐寒；适宜疏松、肥沃、排水良好的沙质壤土。

繁殖方法 播种、分球繁殖。

🌿 **欣赏应用**

六出花花朵美丽似蝴蝶飞舞，常用作花坛、花境配置；也可盆栽或作切花材料。

花色 ▶

▲ 花枝   ▲ 植株

▲ 丛植景观

球根花坛植物

11　韭　莲　*Zephyranthes carinata*

科属　石蒜科　葱兰属　　　**别名**　风雨花　韭兰

形态特征　球根草本，株高 20 ～ 30 cm。鳞茎卵球形。叶基生，叶片线形，扁平，浓绿色，极似韭菜。花单生于花茎顶端，喇叭状，粉红色或玫瑰红色。蒴果近球形。花期 4 ～ 9 月。

生态习性　原产于墨西哥。我国有栽培。喜温暖、湿润、阳光充足的环境，较耐寒；适宜排水良好、富含腐殖质的沙质壤土。

繁殖方法　分球繁殖。

欣赏应用

韭莲绿叶红花，美丽优雅。适合公园、庭院的花坛、花境和草地镶边；也可盆栽观赏。

▲ 花枝

花色 ▶

▲ 盆栽

12 红花文殊兰 *Crinum amabile*

科属 石蒜科 文殊兰属

形态特征 多年生球根草本，植株高 60～100 cm。鳞茎圆柱形。叶基生，叶片宽带状长披针形，全缘，绿色。伞形花序顶生，花被筒暗紫色，花瓣 5 枚，长条形，红色，边缘为白色或浅粉色的宽条纹，具芳香。花期 3～9 月。

生态习性 原产于印度尼西亚。我国南方多栽培。喜温暖、湿润、阳光充足的环境；较耐阴、耐干旱，忌曝晒；适宜疏松、肥沃的沙质壤土。

繁殖方法 播种、分株繁殖。

🪴 欣赏应用

红花文殊兰雅丽大方，满堂生香，令人赏心悦目。常用于花坛、花境配置；也可盆栽观赏。

▲ 植株

◀ 花色

▲ 丛植景观

◀ 花序枝

球根花坛植物

13 　文 殊 兰　*Crinum asiaticum* var. *sinicum*

科属　石蒜科　文殊兰属　　　　**别名**　十八学士　文殊兰

形态特征　球根草本，株高 1～1.5 m。鳞茎长圆柱形。叶基生，叶片阔带形或剑形，基部抱茎。伞形花序顶生，下具 2 枚大型苞片，开花时下垂；小花纯白色，花被筒直立细长，花被片线形，有香气。蒴果近球形。花期夏季。

生态习性　原产于亚洲热带。我国南方多栽培。喜温暖、湿润、光照充足的环境；不耐寒，耐盐碱土。

繁殖方法　播种、分株繁殖。

欣赏应用

文殊兰洁白芳香，具有较高的观赏价值。既可作园林中花坛配置，又可作庭院装饰花卉；也可盆栽观赏。

▲ 植株

▲ 丛植景观

◀ 花序枝

◀ 果序枝

14 蜘蛛兰 *Hymenocallis littoralis*

科属　石蒜科　水鬼蕉属　　　　**别名**　美丽水鬼蕉　水鬼蕉　蜘蛛百合

形态特征　球根草本，株高 30～70 cm。鳞茎球形。叶基生，叶片剑形，鲜绿色。伞形花序顶生，着花 3～8 朵，白色，副花冠漏斗形，缘齿状，整体花形如蜘蛛状。花期夏、秋季。

生态习性　原产于美洲热带地区。我国华南地区多栽培。喜温暖、湿润和半阴环境；不耐寒，不耐旱，忌强光；适宜富含腐殖质、肥沃黏质壤土。

繁殖方法　分球繁殖。

🪣 欣赏应用

蜘蛛兰花形别致，洁白素雅，又有香气，是布置庭园和室内装饰的佳品。园林中作花坛、花境配置；也可盆栽观赏。

▲ 植株

▲ 丛植景观

▲ 花序枝

球根花坛植物

15 朱顶红 *Hippeastrum uittatum*

科属 石蒜科 朱顶红属 　　**别名** 百枝莲 孤挺花

形态特征 球根草本。鳞茎肥大，近球形。叶基生，两侧对生，6～8枚，叶片宽带形，鲜绿色。伞形花序顶生，着花2～4朵，花被漏斗形，花红色，有的中心及边缘处有白色条纹。蒴果。花期春夏季。

生态习性 原产于秘鲁。我国各地均有栽培。喜温暖、半阴环境；不耐寒，忌水涝；喜富含腐殖质、排水良好的沙壤土。

繁殖方法 播种、分球繁殖。

🌿 **欣赏应用**

朱顶红花大色艳，极为壮观。适于花坛配置；也可盆栽、切花观赏。

盆栽 ▶

▲ 植株　　　　▲ 花色　　　　▲ 花枝

16 | 石　蒜　*Lycoris radiata*

科属　石蒜科　石蒜属　　　　**别名**　龙爪花　红花石蒜

形态特征　球根草本，株高 30 ～ 50 cm。鳞茎广椭圆形。叶基生，叶片细带形，表面深绿色。伞形花序顶生，有花 4 ～ 6 朵，鲜红色有白色边缘，花筒较短，花被片狭倒披针形，向外翻卷。蒴果背裂。花期 9 ～ 10 月。

生态习性　原产于中国、日本。我国长江流域以南地区多栽培。喜温暖、湿润和半阴的环境；较耐寒、耐旱；适宜富含腐殖质、排水良好的沙质壤土。

繁殖方法　分球繁殖。

欣赏应用

石蒜冬春叶色翠绿，秋季红花怒放。在园林中常作疏林地被和花坛、山石旁配置；也可盆栽、水养、切花观赏。

▲ 植株

▲ 花序枝

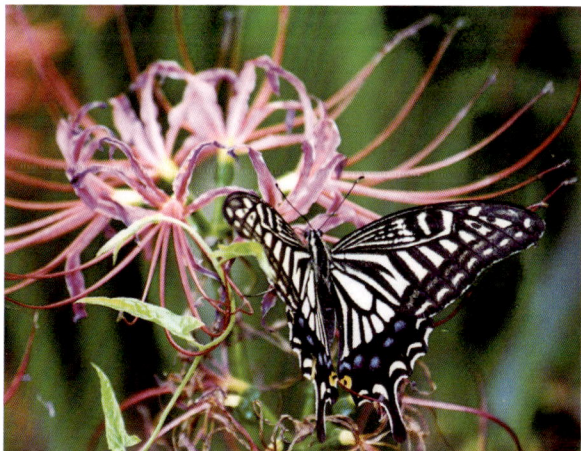

▲ 花色

球根花坛植物

17 | 中国水仙 *Narcissus tazetta* var. *chinensis*

科属 石蒜科 水仙属   **别名** 水仙花 凌波仙子 女史

形态特征 球根草本，株高 20～30 cm。鳞茎卵球形，外被黄褐色纸质外皮。叶 4～6 枚，2 列状着生，叶片线形，扁平。伞房花序，着花 4～12 朵，花被筒三棱状，白色，芳香；副冠碗状，黄色。花期春或冬季。

生态习性 原产于欧洲地中海地区。我国长江流域以南地区栽培。喜温暖、湿润、阳光充足的环境；耐寒性较差，耐半阴和干旱，忌高温；喜疏松、肥沃的微酸性壤土。

繁殖方法 分球繁殖。

▲ 植株

🜄 欣赏应用

中国水仙花姿清秀，芳香典雅，亭亭玉立，有"凌波仙子"的雅号，为中国十大名花之一。为优良的水养花卉，常作雕刻盆景，也可用于花坛配置。

◄ 花序枝

▲ 花丛式花坛景观

18 ｜ 红口水仙 *Narcissus poeticus*

科属　石蒜科　水仙属　　　**别名**　红水仙　红口　丁香水仙

形态特征　球根草本，株高 30～50 cm。鳞茎卵圆形。叶丛生，叶片线形或披针形。花单生，花被纯白色；副花冠呈浅杯状，黄色，边缘有橙红色皱边。蒴果。花期 4～5 月。

生态习性　原产于法国、希腊及地中海沿岸各国。我国有栽培。喜温暖、湿润、阳光充足的环境，耐寒性强；喜疏松、肥沃的中性壤土。

繁殖方法　分球繁殖。

🪴 欣赏应用

红口水仙早春盛花，花色艳丽。可植于花坛边缘、假山旁、疏林下；也适合盆栽或水养观赏。

▲ 花坛丛植景观

▲ 植株

▲ 丛植景观

◀ 花枝

球根花坛植物

19 黄水仙 *Narcissus pseudo-narcissus*

科属 石蒜科 水仙属 　　 **别名** 洋水仙 喇叭水仙

形态特征 球根草本。鳞茎球形。叶4～6枚丛生，叶片宽线形，扁平，灰绿色。花单生，黄色或淡黄色，芳香；副冠直立，喇叭状，边缘有齿牙或皱褶，橘黄色。蒴果。花期4～5月。

生态习性 原产于欧洲。我国长江以南地区多栽培。喜温暖、湿润、阳光充足的环境；较耐寒，耐半阴；喜深厚、肥沃、排水良好的微酸性沙质壤土。

繁殖方法 分球、播种、组培繁殖。

欣赏应用

黄水仙花色明艳，姿态潇洒，是世界著名的球根花卉。常用于布置花坛、花境、岩石园及草坪丛植，也可盆栽观赏。

◀ 植株

◀ 花朵

▲ 花丛式花坛景观

20 唐菖蒲 *Gladiolus hybrids*

科属 鸢尾科 唐菖蒲属　　　**别名** 菖兰 剑兰 十样锦

◀ 花色

形态特征 球根草本，株高 40～60 cm。球茎扁圆球形。叶基生，叶片剑形，排成二列，抱茎互生，灰绿色。穗状花序顶生，花冠筒漏斗状，花瓣边缘有波状或皱褶，花色有白、黄、红、粉、橙、紫、蓝或复色。蒴果。花期夏、秋季。

生态习性 原产于非洲热带和地中海地区。我国广泛栽培。喜温暖，喜阳光充足，较耐寒，忌炎热；要求肥沃、排水良好的沙质壤土。

繁殖方法 分球繁殖。

花　絮 唐菖蒲又叫剑兰，由于其迷人的魅力，许多西方人视之为欢乐、喜庆、和睦的象征，每逢婚礼、宴会或名人互访所献的礼花中都少不了它。

▲ 群植景观

▲ 植株

🌱 **欣赏应用**

唐菖蒲花枝挺拔，花色丰富，为重要的鲜切花。可作花篮、花束、瓶插等；可布置花坛、花境和专类园；矮生品种可盆栽观赏。

球根花坛植物

21　大花美人蕉　*Canna generalis*

科属　美人蕉科　美人蕉属

形态特征　球根草本，株高 1.2 ~ 1.5 cm。地下为根状茎。茎叶和花序均被白粉。叶大型，互生，叶片阔椭圆形。总状花序顶生，花大密集，花有红、橘红、淡黄、白等色。蒴果。花期 7 ~ 9 月。

生态习性　原产于美洲热带地区。我国各地广泛栽培。喜温暖、湿润、阳光充足的环境；耐湿，怕强风，不耐寒；适宜土层深厚、肥沃和排水良好的沙质壤土。

繁殖方法　分株繁殖。

花　絮　2000 年在美国举办的国际"花园城市"评比中，深圳作为中国唯一的参评城市，最终勇拔头筹。深圳第一次参加该项评比活动就取得成功，美人蕉的风采是决胜的第一要素。深圳的美人蕉给人留下了深刻的印象，不仅横贯深南大道 20 多千米，花团锦簇，常开不败，而且街头地角，朝晖夕映，灿烂耀眼，一株株美人蕉成为鹏城一道亮丽的风景线。美人蕉以它矫健的身姿与顽强的生命力，得到了国际"花园城市"评委们的认可。

　　花语为坚实。

▲ 花序枝

▲ 植株

▲ 花丛式花坛配置景观

欣赏应用

大花美人蕉叶片翠绿，花朵艳丽，宜作花境背景或在花坛中心栽植；也可成丛或成带状种植在林缘、草地边缘；矮生品种可盆栽观赏。

◀ 花色

▲ 花丛式花坛景观

▲ 花丛式花坛景观

球根花坛植物

22　金脉美人蕉　*Canna generalis* 'Striatus'

科属　美人蕉科　美人蕉属　　　别名　花叶美人蕉　线叶美人蕉

形态特征　球根草本，株高 50～100 cm。根状茎。叶互生，叶片椭圆形，叶面有羽状黄色或乳白色斑纹，黄绿相间，分布有序。总状花序顶生，花大，花色橘黄色。硕果圆球形。花期春、夏季。

生态习性　原产于美洲热带地区。我国各地广泛栽培。喜温暖、湿润、阳光充足的环境；耐湿，怕强风，不耐寒；适宜土层深厚、肥沃和排水良好的沙质壤土。

繁殖方法　分株繁殖。

🪣 **欣赏应用**

金脉美人蕉观花赏叶，适合花坛美化，或丛植观赏。

▲ 丛植景观

花序枝 ▶

▲ 植株

▲ 花色

▲ 叶枝

▲ 花丛式花坛景观

球根花坛植物

1 苏 铁 *Cycas revoluta*

科属 苏铁科 苏铁属　　**别名** 铁树 凤尾蕉

形态特征 常绿乔木，高达 8 m。树干圆柱形，暗棕褐色，上面布满宿存的叶柄痕迹。叶着生于茎顶，大型羽状复叶，羽片达 100 对以上，小叶线形、质坚硬，表面深绿色。花顶生，雌雄异株，雄球花圆柱形，黄色；雌球花扁球形，上部羽状分裂。种子扁卵球形，成熟时红褐色。花期 6～8 月；种子 10 月成熟。

生态习性 原产于我国南部，各地均有栽培，北方地区多盆栽。喜光、温暖、干燥和通风良好的环境；抗旱、耐高温；适宜肥沃、湿润、排水良好的土壤。

▲ 树形

繁殖方法 播种、分株繁殖。

花 絮 花语为坚贞不移。

🪣 **欣赏应用**

苏铁株形美丽，古朴典雅，为珍贵观赏树种，供庭园栽培观赏；也常布置于花坛中心或大型活动场所；可作盆景观赏。

▲ 叶枝

▲ 雄球花枝

▲ 球果枝

▲ 雌球花枝

▲ 花坛配置景观

2 | 叶 子 花 *Bougainvillea spectabilis*

科属 紫茉莉科 叶子花属　　　**别名** 九重葛、毛宝巾、三角梅

形态特征 常绿攀缘状木质藤本或灌木。单叶互生，叶片椭圆形或卵形，先端渐尖，基部圆形，纸质，全缘，有柄。花顶生，常 3 朵簇生于 3 枚较大的苞片中，苞片形状似叶，色彩鲜艳，有红、橙、黄、白、紫等色（常被误认为是花）。瘦果。花期 6～12 月。

生态习性 原产于巴西。我国温暖地区广泛栽培。喜温暖、湿润阳光充足的环境；不耐寒，不耐旱；适宜疏松、肥沃、排水良好的沙质土壤。

繁殖方法 扦插繁殖。

花　絮 花语为热情，夏日恋情，陶醉。
　　叶子花为赞比亚国花。我国厦门、惠安、深圳、珠海、江门、屏东市花。

🪣 **欣赏应用**

叶子花苞片大而美丽，色艳似花。南方地区广泛用于庭院及垂直绿化，中北部地区常用于温室展览或夏季花坛；还可盆栽或作切花观赏。

▲ 植株

▲ 丛植景观　　　　　　　　　　　　　　　　　　　◀ 花枝

▲ 盆花花坛景观

◀ 苞片

▲ 丛植景观

3 紫叶小檗 *Berberis thunbergii* 'Atropurpurea'

科属　小檗科　小檗属

形态特征　落叶灌木，株高 1～2 m。单叶互生或簇生，长枝上互生，短枝上簇生，叶片倒卵形。花单生或 2～5 朵成短总状花序，黄色，下垂，花瓣边缘有红色纹晕。浆果红色，宿存。花期 4 月；果熟期 9～10 月。

生态习性　原产于日本。我国中北部地区多栽培。喜凉爽、湿润环境；耐寒、耐旱，忌积水；对土壤要求不严，在肥沃、深厚、排水良好的土壤中生长更佳。

繁殖方法　播种、扦插、压条繁殖。

🪣 欣赏应用

紫叶小檗春开黄花，秋缀红果，叶色紫红，是叶、花、果俱美的观赏花木。适宜在园林中作模纹花坛、花篱或修剪成球形观赏。

▲ 叶枝　　　　　▲ 果序枝　　　　　▲ 花序枝

▲ 花坛配置景观

4 海 桐 *Pittosporum tobira*

科属 海桐科 海桐花属　　**别名** 海桐花 山矾 七里香

形态特征 常绿灌木或小乔木，株高达 2～6 m。单叶互生，有时在枝顶簇生，叶片倒卵形或卵状椭圆形，先端圆钝，基部楔形，全缘，边缘反卷。聚伞花序顶生，花白色或带黄绿色，有芳香。蒴果卵球形。花期 5 月；果熟期 10 月。

生态习性 原产于我国长江以南各省，现南方地区多栽培，北方多盆栽观赏。喜光，也稍耐阴；喜温暖、湿润气候，不耐寒；不择土壤；对二氧化硫等有害气体抗性强。

繁殖方法 播种、扦插繁殖。

🜄 欣赏应用

海桐枝叶繁茂，叶色浓绿而有光泽，经冬不凋，初夏花朵清丽芳香，入秋果实开裂出红色种子，颇为美观。通常可作绿篱栽植，也可作花坛配置，或丛植于草丛边缘、林缘或门旁；还可作海防林、工矿区绿化等。

▲ 植株

▲ 丛植景观　　　◀ 花序枝　　　◀ 果序枝

木本花坛植物

5 | 红花檵木 *Loropetalum chinense var. rubrum*

科属 金缕梅科 檵木属　　**别名** 红花桎木 红檵木

形态特征 常绿灌木或小乔木，株高可达9 m。茎多分枝，小枝被暗红色星状毛。单叶互生，叶片椭圆状卵形，暗紫色，新叶红色，革质。花3～8朵组成头状花序，花瓣4，带状，紫红色。蒴果近卵形，褐色。花期4～5月；果期9～10月。

生态习性 原产于我国长江中、下游以南地区，现南方各地区多栽培。喜光，稍耐阴；喜温暖气候，不耐寒；适宜肥沃、湿润的微酸性土壤。

繁殖方法 扦插、嫁接繁殖。

欣赏应用

红花檵木花叶俱美，是优良的观赏花木。适合公园、庭院、道路绿化；也可造型或作花坛、绿篱配置；还适合作盆景材料。

▲ 叶枝

▲ 花序枝

▲ 带状花坛配置景观

▲ 植株

▲ 带状花坛景观

▲ 篱植景观

木本花坛植物

6 | 棣棠花 *Kerria japonica*

科属 蔷薇科 棣棠花属　　　　**别名** 地棠 黄榆梅

形态特征 落叶灌木，高 1～2 m。小枝绿色，光滑。单叶互生，叶片卵形或卵状椭圆形，先端渐尖，基部截形或近圆形，边缘有重锯齿，表面鲜绿色。花单生于侧枝顶端，花单瓣或重瓣，金黄色。聚合瘦果褐黑色。花期 4～5 月；果期 5～9 月。

生态习性 原产于我国，黄河流域至华南、西南地区多有分布，全国各地多栽培。喜光，稍耐阴；喜温暖、湿润气候，耐寒性较差；适宜疏松、肥沃、排水良好的土壤。

繁殖方法 分株、扦插、播种繁殖。

🜄 欣赏应用

棣棠花枝干翠绿，花朵金黄，是美丽的观赏花木。可用于花坛、花境配置，也可群植或绿篱。

▲ 花色（重瓣）

▲ 篱植配置景观

◀ 花枝

▲ 植株

▲ 茎枝

▲ 丛植景观

木本花坛植物

7 | 红叶石楠 *Photinia × fraseri* 'Red Robin'

科属　蔷薇科　石楠属

形态特征　常绿灌木，株高3～5 m。多分枝，株形紧凑。叶互生，革质，叶片长椭圆形至倒卵状椭圆形，缘有锯齿，春秋季新叶鲜红色，冬季上部叶鲜红，下部叶转为深红。复伞房花序，花白色。梨果红色。花期7～8月。

生态习性　为光叶石楠与石楠的杂交种。我国浙江、上海、南京等地有栽培。喜光，稍耐阴；喜温暖、湿润气候，耐干旱；喜疏松、排水良好的土壤。

繁殖方法　扦插繁殖。

欣赏应用

红叶石楠习性强健，叶色红艳，是优良的观叶植物。常作地被栽培，也可用于路边、墙垣、花坛镶边材料，还多盆栽观赏。

▲ 植株

▲ 花丛式花坛景观

▲ 花丛式花坛景观

▲ 丛植景观

◀ 叶枝

◀ 花序枝

木本花坛植物

8 | 现代月季 *Rosa hybrida*

科属 蔷薇科 蔷薇属　　　　**别名** 月月红 长春花

形态特征 常绿或半常绿灌木，株高 1～2 m。茎直立，小枝铺散，具有倒钩皮刺。奇数羽状复叶，互生，小叶 3～7 枚，小叶片宽卵形至卵状椭圆形，边缘具尖锐细锯齿，表面鲜绿色，两面均无毛。花生于枝顶，单生、簇生或丛生的伞房花序，花多为重瓣，花色有红、粉、白、黄、紫等色。蔷薇果球形，红黄色。花期 5～9 月；果期 9～11 月。

生态习性 原产于我国，各地普遍栽培。喜光，喜温暖，较耐旱；对土壤要求不严格，但以富含有机质、排水良好的微酸性沙壤土最好。

繁殖方法 播种、扦插、嫁接繁殖。

▲ 花色　　　　▲ 花色　　　　▲ 果枝

▲ 丛植景观

花　絮　月季为我国十大传统名花之一，被誉为"花中皇后"。

　　[宋]·韩琦《东厅月季》："牡丹殊绝委春风，露菊萧疏恕晚丛。何似此花荣艳足，四时常放浅深红"。

✿ 欣赏应用

月季花型多样，色彩丰富艳丽，芳香馥郁，在园林绿化中有着不可或缺的价值。适用于布置花坛、美化庭院、装点园林、配植花篱、花架等，还可盆栽或作切花观赏。

植株 ▶

▲ 群植景观

9 | 金焰绣线菊 *Spiraea bumalda* 'Gold Flame'

科属 蔷薇科 绣线菊属

形态特征 落叶灌木，株高 40～60 cm。新梢顶端幼叶红色，下部叶片黄绿。单叶互生，叶片卵形至卵状椭圆形，新叶金黄色，秋叶变红。聚伞花序，小花密集，粉红色。花期 5～10 月。

生态习性 为从北美地区引进的园艺品种。我国东北、华北、华东地区多栽培。喜光、稍耐阴；极耐寒，耐旱；在肥沃土壤中生长旺盛；耐修剪，栽培地势应排水良好。

繁殖方法 分株、扦插繁殖。

欣赏应用

金焰绣线菊叶色有丰富的季相变化，观赏性极佳，为优良的地被植物。适宜花坛、花境、草坪、池畔等地镶边配置，也可作彩叶绿篱。

▲ 植株

▲ 篱植景观　　　　　　　　　◀ 花序枝　　　◀ 叶枝

10 粉花绣线菊 *Spiraea japonica*

科属 蔷薇科　绣线菊属　　**别名** 日本绣线菊

形态特征 落叶灌木，高达 1.5 m。枝条细长，开展，小枝近圆柱形，无毛或幼时被短柔毛。叶互生，叶片卵形至卵状椭圆形，先端急尖或渐尖，基部楔形，边缘有锯齿，表面暗绿色，背面灰白色。复伞房花序生于当年生的新枝顶端，花朵密集，粉红色。蓇葖果半开张。花期 6～7 月；果期 8～9 月。

生态习性 原产于日本。我国华东、华北地区多栽培。性强健，喜光，耐半阴；耐寒，耐旱；适宜湿润、肥沃、排水良好的沙质土壤。

繁殖方法 播种、分株、扦插繁殖。

欣赏应用

粉花绣线菊花朵密集，花色娇艳。可成片配置于草坪、花坛、花境，或丛植庭园一隅，亦可作绿篱，盛开时宛若锦带。

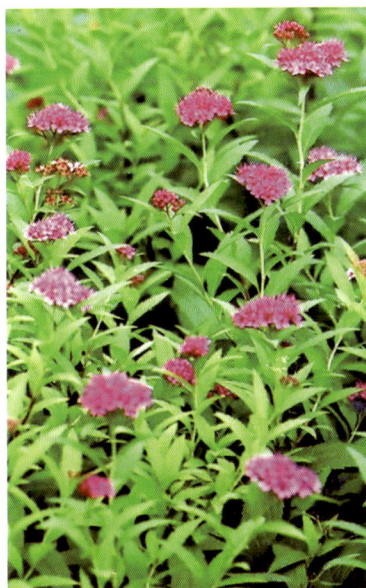

▲ 植株

▲ 丛植景观

木本花坛植物

11 | 红 桑 *Acalypha wilkesiana*

科属 大戟科　铁苋菜属　　**别名** 铁苋菜

形态特征 常绿灌木，株高 80～150 cm。茎直立，多分枝。叶互生，叶片卵圆形，古铜绿色或浅红色，常杂有红或紫色斑块，先端锐尖，基部圆钝，边缘具不规则锯齿。穗状花序腋生，花淡紫色。蒴果。花期夏、秋季。

生态习性 原产于太平洋群岛。我国南方多栽培。喜光，喜高温、多湿气候，不耐寒；适宜排水良好的土壤。

繁殖方法 扦插繁殖。

🌿 欣赏应用

红桑叶色斑斓，鲜艳美丽，为常见的彩叶树种。适合公园、庭院及绿地的花坛、花境、林下、水边绿化，也可盆栽观赏。

▲ 植株

▲ 模纹式花坛配置景观

◀ 叶枝

12　彩叶红桑　*Acalypha wilkesiana* 'Mussaica'

科属　大戟科　铁苋菜属

形态特征　为红桑的一个栽培品种。叶片较长，纸质，叶面具红、褐、白色斑。

其他特征及内容同红桑。

◀ 植株

▲ 球形造型景观

▲ 花丛式花坛景观

叶枝 ▶

▲ 模纹式花坛景观

木本花坛植物

13 | 变 叶 木 *Codiaeum variegatum*

科属　大戟科　变叶木属　　　**别名**　洒金榕

形态特征　常绿灌木或小乔木，株高 3 m。叶互生，厚革质，叶色、叶形、叶大小及着生状态变化较大，从椭圆形至披针形、匙形，叶片平展到扭曲，甚至中部开裂，叶片幼时通常为绿色或红色，成叶表面加杂各种红、黄、绿色不规则斑纹。总状花序腋生，雌雄同株，花小，白色。蒴果近球形或稍扁。花期 3～5 月。

生态习性　原产于马来西亚。我国华南地区广泛栽培，北方多盆栽。喜阳光充足也耐半阴；喜温暖、湿润气候，不耐寒；喜酸性肥沃的土壤。

繁殖方法　扦插、压条繁殖。

🪣 欣赏应用

变叶木株形优美，叶形奇特，叶色变化丰富，是著名的观叶植物。华南地区多用于花坛、绿地和庭园美化，也多盆栽和作切花观赏。

▲ 植株

▲ 球形造型配置景观

◀ 花序枝

14 一品红 *Euphorbia pulcherrima*

科属 大戟科 大戟属　　**别名** 圣诞红　猩猩木　圣诞花

形态特征 常绿或半常绿灌木，株高 50～300 cm。茎光滑，嫩枝绿色，老枝深褐色，茎叶含乳汁。单叶互生，叶片卵状椭圆形至披针形，全缘或波状浅裂；生于下部的叶为绿色，全缘，顶端靠近花序之叶呈苞片状，开花时朱红色，为主要观赏部位。杯状花序聚伞状排列顶生，花小，黄色而裂瓣。花期10 月～翌年 4 月。

生态习性 原产于墨西哥及中美洲。我国华南地区多栽培，长江以北地区温室栽培。喜阳光充足、温暖、潮湿的环境，不耐寒；对土壤要求不严，但以肥沃的沙质土壤为佳。

繁殖方法 扦插繁殖。

❧ 欣赏应用

一品红红绿相映，苞片鲜艳夺目，是优良观赏花木。适宜布置花坛、绿地；也可盆栽观赏。

▲ 植株

◀ 苞片

▲ 花坛配置景观

15 红背桂 *Excoecaria cochinchinensis*

科属 大戟科 土沉香属 　　**别名** 青紫木　紫背桂

形态特征 常绿灌木，高达 1 m。茎多分枝。单叶对生，叶片长椭圆形，先端尖，基部楔形，缘有细浅齿，表面绿色，背面紫红色。穗状花序腋生，花初开时黄色，后变成浅色。蒴果球形。花期 6～7 月。

生态习性 原产于我国广东、广西及越南，华南地区多栽培。喜温暖、湿润气候；耐半阴，不耐寒，忌曝晒；喜肥沃、微酸性沙质土壤。

繁殖方法 扦插繁殖。

🌊 欣赏应用

红背桂习性强健，叶色美观，是优良的观叶植物。园林中常用于路边、坡地片植或花坛配置，也可作绿篱。

▲ 植株

◀ 叶枝

▲ 带状花坛景观

16 | 黄 杨 *Buxus sinica*

科属　黄杨科　黄杨属　　　　**别名**　瓜子黄杨　小叶黄杨

形态特征　常绿灌木或小乔木，株高 1～6 m。叶革质，叶片阔椭圆形、阔倒卵形、卵状椭圆形或长圆形，先端圆或钝，叶面光亮。花序头状，花密集。蒴果近球形。花期 3～4 月；果期 5～6 月。

生态习性　原产于我国中部及东部地区，各地多栽培。喜光，喜湿润，忌长时间积水，耐旱。

繁殖方法　扦插、播种繁殖。

花　　絮　关于黄杨木，李渔称其有君子之风，喻为"木中君子"，在他的《闲情偶寄》记有"黄杨每岁一寸，不溢分毫，至闰年反缩一寸，是天限之命也"。《酉阳杂俎》记载："世重黄杨木以其无火也。用水试之，沉则无火……伐之则不裂。"这些说法给黄杨木披上了一件神秘的外衣，更为黄杨木作品成为人们心爱的把玩之物增添了很多情趣。

🪣 欣赏应用

黄杨青枝绿叶，习性强健，耐修剪。可作绿篱或修剪成模纹花坛，也是盆栽或制作盆景的好材料。

▲ 植株

果枝 ▶　　　　　　　　　　　　　　　　　　▲ 篱植景观

17 大叶黄杨 *Euonymus japonicus*

科属 卫矛科　卫矛属　　　　**别名** 冬青卫矛　正木

形态特征 常绿灌木或小乔木，高达 8 m。叶片倒卵状椭圆形，缘有钝齿，革质光亮。聚伞花序腋生，花绿白色。蒴果扁球形。花期 6 ~ 7 月；果期 9 ~ 10 月。

生态习性 原产于日本南部。我国各地多栽培。喜光，稍耐阴；喜温暖、湿润气候，不耐寒；对土壤要求不严。

繁殖方法 扦插、嫁接繁殖。

🪣 欣赏应用

大叶黄杨叶色青翠，四季常绿，是北方最主要的模纹花坛和绿篱材料，常与紫叶小檗和金叶女贞搭配，组成三色模纹花坛，或修剪成球形，甚为美观。

▲ 模纹式花坛配置景观

▲ 植株

▲ 果序枝

▲ 花序枝

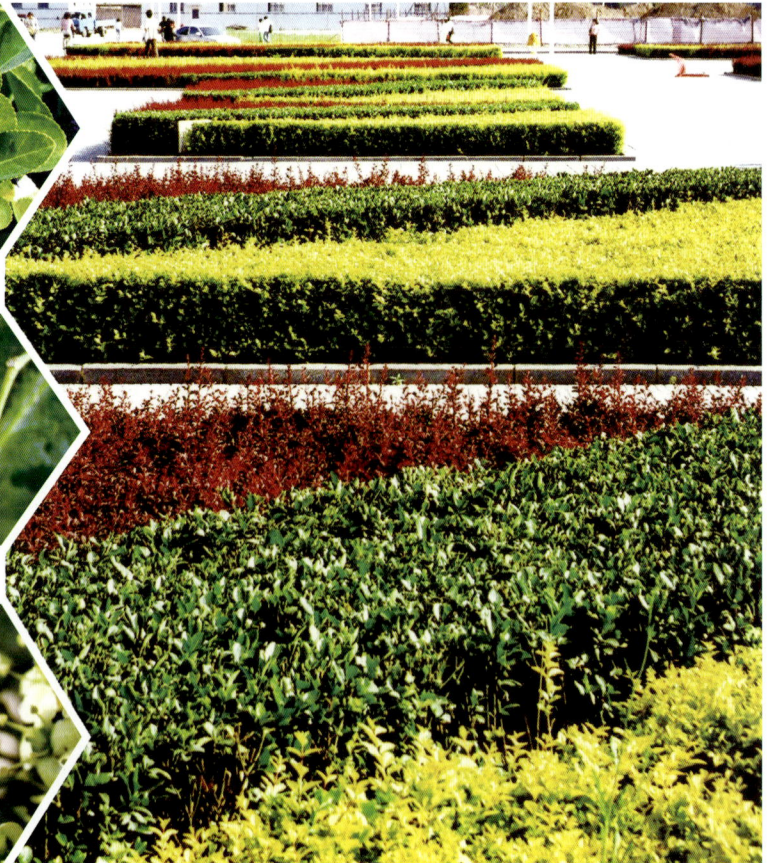
▲ 花坛配置景观

18 | 金边大叶黄杨 *Euonymus japonicus* 'Aureo-marginatus'

科属 卫矛科 卫矛属

形态特征 为大叶黄杨的一个栽培品种。叶缘金黄色。

其他特征及内容同大叶黄杨。

◀ 叶枝

▲ 篱植配置景观

▲ 植株

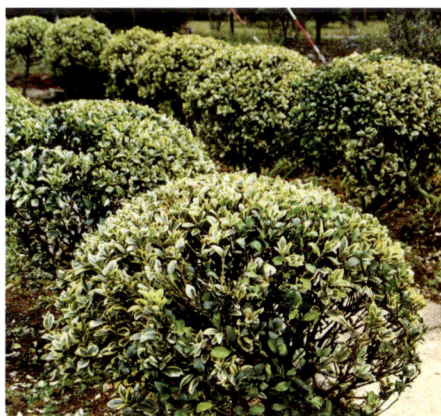
▲ 球形造型景观

木本花坛植物

19 朱 槿 *Hibiscus rosa-sinensis*

科属 锦葵科 木槿属　　　　**别名** 扶桑 佛桑

形态特征　常绿灌木或小乔木，高约 2～5 m。叶互生，叶片卵形至广卵形，先端渐尖，基部圆形或楔形，边缘具粗齿。花大，单生上部叶腋，常下垂，有单瓣与重瓣之分；花瓣卵形，有红、粉红、黄、橙、白、复色等多种花色。蒴果卵形。花期 5～10 月。

生态习性　原产于我国，南方各地多栽培。喜光，为强阳性植物；喜温暖、湿润气候，不耐寒；适宜疏松、肥沃、排水良好的土壤。

繁殖方法　扦插繁殖。

🪣 欣赏应用

朱槿叶色碧绿，花大色艳，是著名的观赏花木。可布置花坛或观花绿篱；也可盆栽观赏。

▲ 植株

▼ 花色
（重瓣）

▲ 篱植配置景观

◀ 花枝

20　金丝桃　*Hypericum monogynum*

科属　藤黄科　金丝桃属　　　**别名**　金丝海棠

形态特征　半常绿灌木，株高1m。单叶对生，叶片长椭圆形，先端渐尖，基部广楔形，全缘，具透明腺点。花两性，单生或成聚伞花序顶生，花瓣倒卵形，花丝多而细长，花鲜黄色。蒴果卵圆形。花期6～7月；果期8～9月。

生态习性　原产于我国长江流域及以南地区，南方地区广为栽培。喜光，耐半阴，耐寒性不强；不择土壤。

繁殖方法　扦插、分株、播种繁殖。

花絮　［清］·徐士俊《如梦令·咏金丝桃》："不是武陵花片，不似天台人面。金屋许藏娇，檀晕一时浮渲，佳艳，佳艳，猜破色丝黄娟。"

🪣 **欣赏应用**

金丝桃花丝纤细，灿若金丝，绚丽可爱，为我国夏季优良的观赏花木。适合公园、绿地、风景区的路边、山石边或墙垣处丛植或群植，也可用于花坛配置；还可盆栽观赏。

▲ 植株

▲ 篱植景观

◀ 花枝

木本花坛植物

21 细叶萼距花 *Cuphea hyssopifolia*

科属 千屈菜科 萼距花属　　**别名** 满天星

形态特征　常绿小灌木，株高 30～60 cm。单叶对生或近对生，叶片线状披针形，全缘，翠绿色。花两性，顶生或腋生，花红色或桃红色。蒴果长圆形，绿色，形似雪茄。花期较长，全年不断。

生态习性　原产于中美洲。我国华南、西南地区有栽培。喜温暖、湿润气候；稍耐阴，不耐寒；喜肥沃的沙质土壤。

繁殖方法　扦插、播种繁殖。

🖌 欣赏应用

细叶萼距花枝叶密集，花色鲜艳，花期长，耐修剪。适宜作花坛、花境配置，也常作绿篱，还可盆栽观赏。

◀ 花枝

▲ 植株

▲ 模纹式花坛配置景观

22 | 红车木 *Syzygium hancei*

科属 挑金娘科 蒲桃属 **别名** 红鳞蒲桃

形态特征 常绿灌木或小乔木，株高达 20 m。叶对生，革质，叶片狭椭圆至长圆形或倒卵形，先端钝或略尖，基部阔楔形或较窄，新叶红色。圆锥花序腋生，多花，花瓣4，白色。浆果球形。花期7～9月。

生态习性 原产于我国福建、广东、广西，南方地区多栽培。喜温暖、湿润气候；对土壤要求不严，适应性较强。

繁殖方法 扦插繁殖。

▲ 球形造型景观

▲ 植株

▲ 球形列植配置景观

木本花坛植物

🛁 欣赏应用

红车木株形美观，叶色艳丽，是优良的观叶植物。适合公园绿地或庭院路边、草地中丛植或作花坛配置；也可作盆栽观赏。

▲ 两侧分车绿带配置景观

▲ 篱植景观

▶ 叶枝

23　倒挂金钟　*Fuchsia hybrida*

科属　柳叶菜科　倒挂金钟属　　　**别名**　灯笼花　吊钟海棠

形态特征　常绿或落叶亚灌木，株高 50～150 cm。叶对生或轮生，叶片卵形至卵状披针形，先端尖，叶缘有锯齿。花单生于嫩枝上部的叶腋，具长梗而花朵下垂，花筒圆锥形，萼片 4，红色，长圆状或三角状披针形，花色有紫红、红、粉红、白等色。浆果紫红色。花期 1～6 月。

生态习性　原产于南美洲及大洋洲的高山区。我国南方多栽培，北方多盆栽。喜凉爽、湿润、半阴，通风良好，不耐炎热高温，稍耐寒；适宜疏松、肥沃的沙质土壤。

繁殖方法　扦插繁殖。

🜄 欣赏应用

倒挂金钟花形奇特，极为雅致。常用于花坛、花境、山石边栽培。也多盆栽观赏。

▲ 花枝

▲ 花色

▲ 植株

木本花坛植物

24　金叶女贞　*Ligustrum × vicaryi*

科属　木犀科　女贞属

形态特征　落叶或半常绿灌木，株高 1.5～2 m。单叶对生，叶片卵状椭圆形，全缘，新叶金黄色，后变为黄绿色。总状花序顶生，小花白色，芳香。核果阔椭圆形，紫黑色。花期6～7月；果期9～10月。

生态习性　金叶女贞为金边卵叶女贞与金叶欧洲女贞的杂交种。我国各地均有栽培。喜光，稍耐阴，耐寒能力较强；耐修剪，对二氧化硫和氯气抗性较强。

繁殖方法　扦插繁殖。

▲ 花坛配置景观

▲ 植株

▲ 花坛配置景观

🪣 **欣赏应用**

金叶女贞枝叶繁密，叶色金黄。可与红叶的紫叶小檗、绿叶的龙柏、黄杨等配置成花坛或组成灌木状色块，形成强烈的色彩对比，具极佳的观赏效果。

▲ 叶枝

▲ 球形造型景观

▲ 篱植景观

◀ 花序枝

◀ 果序枝

木本花坛植物

25 | 金叶莸 *Caryopteris × clandonensis* 'Worcester Gold'

科属 马鞭草科 莸属

形态特征 落叶灌木，株高 50 ~ 70 cm。单叶对生，叶片卵状披针形，叶面光滑，金黄色，叶先端尖，基部钝圆形，边缘有粗齿。聚伞花序腋生，花冠蓝紫色。蒴果。花期 7 ~ 9 月。

生态习性 为国外引进的园艺品种。我国东北、华北、华东地区有栽培。喜光，耐旱，耐寒；耐盐碱，耐瘠薄，忌水涝。

繁殖方法 播种、扦插繁殖。

欣赏应用

金叶莸叶色金黄，蓝紫色小花，淡雅清香，是花、叶兼赏的优良花木。适宜片植作色带和绿篱，也可作花坛、花境配置材料。

果序枝 ▶

▲ 篱植景观

▲ 花序枝

▲ 植株

▲ 叶枝

▲ 模纹式花坛配置景观

26　假 连 翘　*Duranta repens*

科属　马鞭草科　假连翘属　　**别名**　金露花

形态特征　常绿灌木，高达3m。单叶对生或轮生，叶片卵状椭圆形或倒卵形，边缘有锯齿。总状花序顶生或腋生，花冠蓝紫色或白色。核果近球形，肉质，黄或橙黄色。花果期5～10月。

生态习性　原产于热带美洲。我国长江流域以南多栽培。喜光，稍耐阴；喜温暖、湿润气候；适宜肥沃、酸性土壤。

繁殖方法　播种、扦插繁殖。

欣赏应用

假连翘株形优美，色彩鲜艳。可点缀于道路、花坛、花境中；也可修剪成绿篱栽培观赏。

▲ 植株

▲ 花坛配置景观

◀ 果序枝

◀ 花序枝

27 金叶假连翘 *Duranta repens* 'Golden Leaves'

科属 马鞭草科 假连翘属　　　**别名** 黄金叶

形态特征 常绿灌木，为假连翘的栽培品种。单叶对生，叶片长卵圆形，叶金黄至黄绿色，中部以上有锯齿。

其他特征及内容同假连翘。

▲ 模纹式花坛景观

▲ 植株

▲ 花序枝

▲ 模纹式花坛景观

木本花坛植物

▲ 篱植景观

▲ 彩结式花坛配置景观

28 金边假连翘 *Duranta repens* 'Marginata'

科属 马鞭草科 假连翘属 **别名** 黄边假连翘

形态特征 常绿灌木,为假连翘的栽培品种。单叶对生,叶片卵状椭圆形或倒卵形,基部楔形,边缘在中部以上有锯齿,叶缘有不规则的金色斑块。

其他特征及内容同假连翘。

▲ 篱植景观

▲ 叶枝

▲ 片植景观

◀ 植株

木本花坛植物

29 马缨丹 *Lantana camara*

科属 马鞭草科 马缨丹属　　　**别名** 五色梅　五彩花　臭草

形态特征 直立或半藤本状常绿灌木，高1~2 m。单叶对生，叶片卵形至长圆形卵状，先端渐尖，边缘有锯齿，叶面略皱。头状伞形花序腋生，小花密集，花初开时黄色或粉红色，渐变成橙黄或橘红色，最后变成深红色。核果圆球形，紫黑色。花期盛夏，在华南地区几乎全年开花。

生态习性 原产于美洲热带。我国华南地区多栽培。喜光，喜温暖、湿润气候；适应性强，耐干旱，不耐寒；适宜疏松、肥沃、排水良好的沙质土壤。

繁殖方法 播种、扦插繁殖。

🌿 **欣赏应用**

马缨丹花色美丽，花期长，常年艳丽。适合路边、池畔、坡地等绿化美化；也可用于花坛、花台、花境等；还可盆栽观赏。

▲ 植株

▲ 丛植景观　　　　　　　　　　　◀ 花序枝　　◀ 花色

30 冬 珊 瑚 *Solanum pseudo-capsicum*

科属 茄科 茄属 **别名** 珊瑚樱 珊瑚豆 吉庆果

形态特征 常绿小灌木，株高 60 ～ 100 cm。单叶互生，叶片长圆形至倒披针形，先端尖或钝，基部狭楔形下延成叶柄。花单生或数朵簇生叶腋，花小，白色。浆果，球形，深橙红色。花期夏秋季；果期秋冬季。

生态习性 原产于南美洲、亚洲热带地区。我国华南、西南地区多栽培。喜温暖，向阳环境，不耐寒；对土壤要求不严，但在肥沃疏松、排水良好的微酸性或中性土上生长旺盛。

繁殖方法 播种、扦插繁殖。

🌿 欣赏应用

冬珊瑚果实红艳，经冬不落，为优良的观果植物。多盆栽观赏；也可用于花坛、花境、花台栽培观赏。

▲ 植株

▲ 片植景观

◀ 果枝

木本花坛植物

31 | 银脉爵床 *Aphelandra squarrosa*

科属　爵床科　单药花属　　　**别名**　银脉单药花

形态特征　常绿小灌木，株高 50～80 cm。茎直立、粗壮，略带肉质。叶对生，叶片长椭圆形，绿色有光泽，叶面具有明显的白色条纹状叶脉。穗状花序顶生或腋生，花冠唇形，淡黄色，萼片金黄或橙黄色，十分醒目。花期夏秋季，但在适宜的条件下全年都可开花。

生态习性　原产于巴西。我国华南地区多栽培。喜光照充足、温暖、湿润的环境，不耐寒；要求疏松、肥沃的土壤。

繁殖方法　分株、扦插繁殖。

🪣 **欣赏应用**

银脉爵床叶色清秀，萼片金黄，十分醒目，是优良的观叶植物。适合公园、风景区或庭院等的路边、花坛等栽培观赏；也多盆栽观赏。

▲ 叶枝

▲ 植株

▲ 丛植景观

◀ 花序枝

32　金苞花　*Pachystachya lutea*

科属	爵床科　厚穗爵床属	别名	黄虾花　珊瑚爵床　金包银

形态特征　常绿小灌木，株高 20～70 cm。茎直立，多分枝。叶对生，叶片长椭圆形，先端锐尖，革质，表面皱褶，亮绿色。穗状花序顶生直立，苞片心形金黄色，密集排成4行，花冠管状二唇形，白色。蒴果。花期春至秋季。

生态习性　原产于秘鲁。我国热带地区广泛栽培。喜阳光充足，也耐阴；喜温暖、湿润，不耐寒，忌水湿；要求富含腐殖质的土壤。

▲ 植株

繁殖方法　扦插繁殖。

🪣 欣赏应用

金苞花株丛整齐，花色鲜黄，花期较长，观赏性强。适宜盆栽，作会场、厅堂、居室及阳台装饰；南方适合公园、庭院、风景区等路边、花坛、林缘片植或丛植观赏；北方则作温室盆栽观赏。

▲ 花丛式花坛配置景观

◀ 花序枝

木本花坛植物

33 金脉爵床 *Sanchezia speciosa*

科属 爵床科 黄脉爵床属　　**别名** 黄脉爵床

形态特征　常绿灌木，株高 50～80 cm。茎直立，多分枝。叶对生，叶片长椭圆形至倒卵形，先端渐尖，基部宽楔形，叶缘具锯齿，深绿色，叶脉金黄色。穗状花序顶生，橙红色苞片显著，花冠管状二唇形，黄色。蒴果长圆形。花期夏季。

生态习性　原产于南美热带。我国南部地区多栽培。喜光，喜高温多湿环境，忌强光。

繁殖方法　扦插、分株繁殖。

欣赏应用

金脉爵床叶色浓绿，叶脉金黄，花色美艳，是优良的观叶、观花植物。可用作花坛或丛植栽培；也可盆栽观赏。

▲ 花序枝

▲ 叶枝

▲ 篱植配置景观

▲ 篱植景观

▲ 植株

34 　龙船花　*Ixora chinensis*

科属　茜草科　龙船花属　　　　**别名**　英丹　仙丹花

形态特征　常绿灌木，株高 1～2 m。茎直立，多分枝，小枝褐色。叶对生，革质，叶片椭圆形或倒卵形，先端急尖，基部楔形，全缘。聚伞花序顶生，花冠高脚碟状，红色。浆果近球形。花期几乎全年，5～9 月为盛花期。

生态习性　原产于亚洲热带地区。我国华南、西南地区多栽培。喜光，不耐寒，耐旱，忌积水；喜富含腐殖质、疏松、肥沃的酸性土壤。

繁殖方法　扦插、压条、播种繁殖。

花　　絮　花语为争先恐后。
　　　　　　龙船花为缅甸国花。

🪣 欣赏应用

龙船花植株低矮，花叶秀美，花色丰富。在园林中应用于花坛、花带配置；也可孤植、丛植、列植、片植各具特色。

◀ 花序枝

▲ 植株

▲ 花坛配置景观

◀ 花色

木本花坛植物

35　五星花　*Pentas lanceolata*

科属　茜草科　五星花属　　　　**别名**　繁星花

形态特征　直立亚灌木，株高 50～80 cm。叶对生，叶片卵形、椭圆形或披针状矩圆形，先端渐尖，叶基渐狭具短柄。聚伞花序顶生，每个花序约由 20 朵小花组成，花呈五星状，花有粉红、绯红、桃红、白、红色等。蒴果。花期秋季至冬季。

生态习性　原产于中东及非洲。我国南方多栽培。喜温暖及光照充足，不耐阴；适宜疏松、肥沃、排水良好的土壤。

繁殖方法　扦插繁殖。

欣赏应用

五星花花形奇特，开花繁茂，常用于布置花坛、花境；也可盆栽观赏。

▲ 片植景观

▲ 花丛式花坛景观　　　　◀ 花色　　◀ 植株

36 | 朱 蕉 *Cordyline fruticosa*

科属 龙舌兰科 朱蕉属　　**别名** 铁树 红叶铁树

形态特征 常绿灌木,株高 1～3 m。叶聚生于茎或枝的上端,叶片披针状长椭圆形,绿色或带紫红色。圆锥花序生于上部叶腋,花小,淡红色或紫红色,青紫至黄色。浆果。花期 11 月至翌年 3 月。

生态习性 原产于我国华南地区,南方各地常见栽培。喜光,但忌强光直射;喜高温、多湿,不耐寒;喜排水良好富含腐殖质土壤。

繁殖方法 扦插、压条、播种繁殖。

欣赏应用

朱蕉株形美观,叶色华丽高雅,是常见的观叶植物。适合公园、绿地等路边、草地边缘、花坛等栽培观赏;北方多盆栽观赏。

▲ 花序枝

植株 ▶

木本花坛植物

37 | 亮叶朱蕉 *Cordyline fruticosa* 'Aichiaka'

科属 龙舌兰科 朱蕉属

形态特征 为朱蕉的栽培品种。新叶红色亮丽，老叶暗红色，边缘艳红色。

其他特征及内容同朱蕉。

▲ 丛植景观

▲ 花丛式花坛配置景观

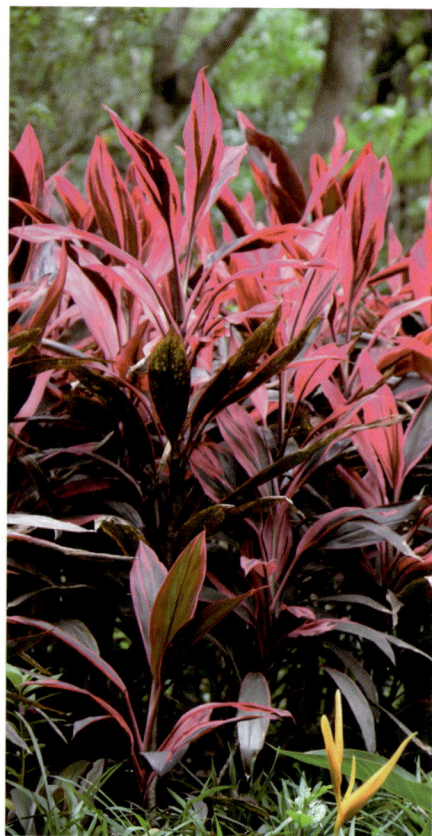

▲ 植株

38 红边朱蕉 *Cordyline fruticosa* 'Red Edge'

科属 龙舌兰科 朱蕉属

形态特征 为朱蕉的栽培品种。叶片暗绿或紫褐色，边缘红色。

其他特征及内容同朱蕉。

▲ 叶枝

▲ 植株

▲ 丛植景观

木本花坛植物

39 金心龙血树 *Dracaena fragrans* 'Massangeana'

科属 龙舌兰科 龙血树属   **别名** 金心香龙血树 金心巴西铁

形态特征 常绿小乔木，株高达 4 m。叶狭长椭圆形，绿色，中部有黄色长条纹，聚生茎干上部。穗状花序，花黄绿色，芳香。花期春季。

生态习性 原产于西非。我国南方有栽培。喜高温、多湿阳光充足的环境；适宜疏松、排水良好的土壤。

繁殖方法 播种、扦插繁殖。

花　絮 据说古时巨龙与大象交战时，巨龙的血洒在大地上，后来从土壤中生出来的便是龙血树。当龙血树受到损伤时，它会流出深红色的像血浆一样的黏液，龙血树便因此得名。
　　花语：平平安安。

🜄 **欣赏应用**

金心龙血树叶色美丽，姿态挺拔。园林中可用来布置花坛；也可孤植、群植或庭院栽培；还多室内盆栽观赏。

▲ 盆栽

▲ 花序枝

▲ 植株

40 五彩千年木 *Dracaena marginata* 'Tricolor'

科属 龙舌兰科 龙血树属　　**别名** 三色千年木

形态特征 常绿灌木或小乔木，株高 5 m。茎干直立，有分枝。叶密生于茎顶部，叶片狭带形，先端锐尖，叶面中间绿色，有两条黄色纵纹，叶缘有紫红色或鲜红色条纹，无叶柄。圆锥花序，花小，白色。浆果球形，黄色。花期 2～5 月。

生态习性 原产于马达加斯加岛。我国南方地区多栽培。喜光，稍耐阴；喜温暖、湿润气候，不耐寒；喜酸性肥沃土壤。

繁殖方法 扦插、分株繁殖。

🪴 欣赏应用

五彩千年木叶色条纹鲜艳，株形舒展，是优良的观叶植物。可丛植于道路边、草地上或配置花坛；也可盆栽观赏。

▲ 植株

▲ 叶枝

▲ 丛植景观

木本花坛植物

41 凤尾兰 *Yucca gloriosa*

科属　龙舌兰科　丝兰属　　　别名　菠萝花　凤尾丝兰

形态特征　常绿灌木，株高 50～150 cm。植株具茎，有时分枝。叶剑形，坚硬，密生成莲座状，有稀疏的丝状纤维，顶端有坚硬的刺，微灰绿色。圆锥花序，长 1 m 有余，小花多而密，乳白色，常带紫红晕，花钟状下垂。蒴果干质，椭圆状卵形，不开裂。花期 6～10 月，分两次开花。

生态习性　原产于北美洲。我国各地多栽培。喜温暖、湿润和阳光充足环境；性强健，耐瘠薄；耐干旱，耐寒。

繁殖方法　分株、扦插、播种繁殖。

🖌 欣赏应用

凤尾兰株形美观，花大而素雅，是优良的观赏花木。园林中常用于路边、山石边或墙垣处栽培观赏；也常植于花坛中心或作基础栽植；还可盆栽观赏。

▲ 花序枝

▼ 丛植景观

▲ 篱植景观

▲ 植株

▲ 丛植景观

木本花坛植物

中文名笔画索引

汉语拼音索引

拉丁学名索引

参考文献

1. 中国科学院植物研究所 . 中国高等植物图鉴 (1-5 册). 北京 : 科学出版社 (1975-1980)

2. 陈俊愉 , 程绪珂 . 中国花经 . 上海 : 上海文化出版社 1998.10

3. 刘燕 . 园林花卉学 (第 3 版) 北京 : 中国林业出版社 , 2016.5 (2019.1 重印)

4. 包满珠花卉学 (第 3 版) 北京 : 中国农业出版社 , 2011.6 (2014.8 重印)

5. 徐晔春 1200 种花卉品鉴金典 , 长春 : 吉林科学技术出版社 , 2010.5

6. 赵田泽、纪殿荣等 . 中国花卉原色图鉴Ⅰ - Ⅲ. 哈尔滨 : 东北林业大学出版社 , 2009.7

7. 北京林业大学园林学院花卉教研室 , 中国常见花卉图鉴、郑州 : 河南科学技术出版社 ,
   1999.4

8. 张天麟 . 园林树木 1600 种 , 北京 : 中国建筑工业出版社 , 2010

9. 孟庆武、刘金 , 现代花卉 , 北京 : 中国青年出版社 , 2003

10. 贺士元等 . 河北植物志 1~3 卷 , 石家庄 : 河北科学技术出版社 , 1986.9, 1989.8, 1991.6

11. 李作文 , 刘家祯 , 园林彩叶植物的选择与应用 . 沈阳 : 辽宁科学技术出版社 , 2010.11

12. 殷广鸿 , 公园常见花木识别与欣赏 , 北京 : 中国农业出版社 , 2010.1

13. 刘与明 , 黄全能 . 园林植物 1000 种 , 福州 : 福建科学技术出版社 , 2011.4

14. 贺风春等 . 500 种常见园林植物识别图鉴 , 北京 : 中国农业出版社 , 2020.1

15. 贺士元 , 邢其华 , 尹祖棠 . 北京植物志上、下册 , 北京 : 北京出版社 , 1992. 修订版

16. 闫双喜 , 刘保国 , 李永华 . 景观园林植物图鉴 , 郑州 : 河南科学技术出版社 , 2013.2 (2016.11
    重印)